U0344438

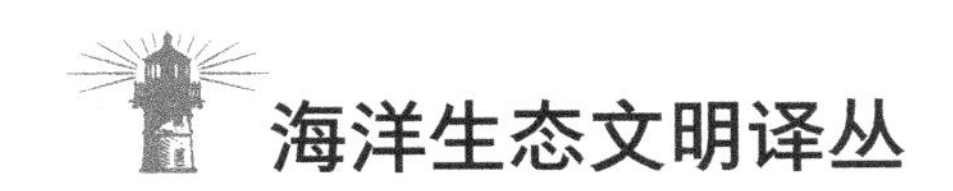

刘 纯 周永模 主编

蓝色城市主义：
探索城市与海洋的联系

BLUE URBANISM:
EXPLORING CONNECTIONS BETWEEN CITIES & OCEANS

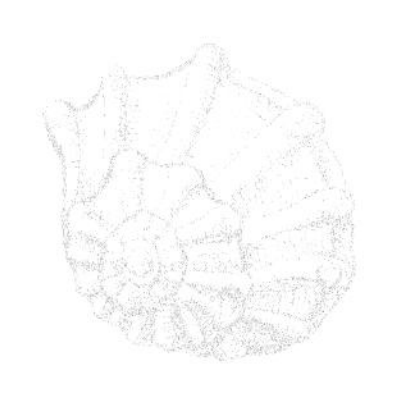

蒂莫西·比特利（美） 著
郃庆燕 译

外语教学与研究出版社
FOREIGN LANGUAGE TEACHING AND RESEARCH PRESS
北京 BEIJING

京权图字：01-2021-4846

图书在版编目（CIP）数据

蓝色城市主义 ：探索城市与海洋的联系 /（美）蒂莫西·比特利著 ；郃庆燕译. -- 北京 ：外语教学与研究出版社，2021.12（2022.11 重印）
（海洋生态文明译丛 / 刘纯，周永模主编）
书名原文：BLUE URBANISM: EXPLORING CONNECTIONS BETWEEN CITIES & OCEANS
ISBN 978-7-5213-3258-2

Ⅰ. ①蓝… Ⅱ. ①蒂… ②郃… Ⅲ. ①海洋环境－环境保护－关系－城市规划－研究 Ⅳ. ①X55②TU984

中国版本图书馆 CIP 数据核字（2021）第 276437 号

出 版 人　王　芳
责任编辑　聂海鸿
责任校对　闫　璟
封面设计　高　蕾
出版发行　外语教学与研究出版社
社　　址　北京市西三环北路 19 号（100089）
网　　址　http://www.fltrp.com
印　　刷　北京虎彩文化传播有限公司
开　　本　710×1000　1/16
印　　张　15
版　　次　2022 年 1 月第 1 版　2022 年 11 月第 2 次印刷
书　　号　ISBN 978-7-5213-3258-2
定　　价　82.90 元

购书咨询：（010）88819926　电子邮箱：club@fltrp.com
外研书店：https://waiyants.tmall.com
凡印刷、装订质量问题，请联系我社印制部
联系电话：（010）61207896　电子邮箱：zhijian@fltrp.com
凡侵权、盗版书籍线索，请联系我社法律事务部
举报电话：（010）88817519　电子邮箱：banquan@fltrp.com
物料号：332580001

总　序

海洋慷慨地为人类提供了丰富资源和航行便利。人类生存得益于海洋，人类联通离不开海洋。浩瀚之海承载着人类共同的命运，人类社会与海洋环境的互动密切而广泛：从史前时代的沿海贝冢，到现代社会的蓝色都市；从古希腊地中海商人的庞大船队，到中国海上丝绸之路的繁华盛景；从格劳秀斯《海洋自由论》的发表，到《联合国海洋法公约》的签署和实施，无不体现出海洋在人类文明进程中演绎的重要角色。海洋文明史是构成人类文明史的一个重要维度，充满着不同文明之间的交流融合。中国在拥抱海洋文明的进程中，始终秉持海纳百川、兼收并蓄、和平崛起的精神。历史上郑和下西洋，推行经贸和文化交流，结交了诸多隔海相望的友邻，促进了文明的相互沟通和彼此借鉴。而今，以“和谐海洋”为愿景、保护海洋生态环境、坚持和平走向海洋、建设“强而不霸”的新型海洋大国，已成为中华民族赓续海洋文明进而实现伟大复兴的重要步骤。

随着生产力的飞速发展和人类对海洋价值认识的不断更新，海洋蕴藏的巨大红利逐步释放。当人类的索取超过了海洋能够负载的限度时，海洋生态系统成为资源过度开发的牺牲品。无节制的捕捞作业使一些渔业资源濒临灭绝，来自陆海的双重污染和开发压力使海洋水体不堪重负，海洋成为当今全球生态环境问题最为集中、历史欠账最为严重的区域之一。为了让海洋能够永续人类福祉，联合国于2016年1月1日启动《联合国2030可持续发展议程》，该议程在目标14中强调“保护和可持续利用海洋和海洋资源以促进可持续发展”。海洋渔业选择性捕捞、海洋生物多样性保护、海洋污染防控、气候变化对海洋影响的探究等成为全球关注的重要焦点。

海洋生态文明建设是我国生态文明总体建设的重要组成部分，积极推动海洋生态文明建设有利于促进人与海洋的长期和谐共处、推动海洋经济的协调和可持续发展。“我们人类居住的这个蓝色星球，不是被海洋分割成了各个孤岛，而是被海洋连结成了命运共同体，各国人民安危与共。”习总书记高屋建瓴地提出了中国建设海洋生态文明的构想，从构建海洋命运共同体的高度阐述了海洋对于人类社会生存和发展的重要意义。世界范围内海洋生态文明议题在文学、哲学及科技等领域的多层面多角度的研究成果为我们提供了良好的经验借鉴，重视、吸取和研究国外有关海洋生态文明的研究成果，有助于汇聚全球智慧，形成共促海洋生态文明建设的合力。

基于上述认识，上海海洋大学和外语教学与研究出版社精选了国外有关海洋生态文明的著作，并组织精兵强将进行翻译，编制了“海洋生态文明译丛”。本译丛系统介绍了国外有关海洋生态文明研究的部分成果，旨在打破海洋生态文明演进的时空界限，从人类学、历史学、环境学、生态学、渔业科学等多学科视角出发，探讨海洋环境和人类文明之间的互动关系，揭开海洋生物的历史伤痕，探究海洋环境的今日面貌，思考海洋经济的未来发展。丛书主要包含以下 7 部译著：

《人类的海岸：一部历史》是讲述过去 10 万年来海洋文明发展的权威著作。海岸深刻影响着沿岸居民的生活态度、生活方式和生存空间。约翰 · R. 吉利斯再现了人类海岸的历史，从最早的非洲海岸开始讲起，一直谈到如今大城市和海滩度假胜地的繁华与喧嚣。作者揭示了海岸就是人类的伊甸园，阐释了海岸在人类历史上所起的关键作用，讲述了人类不断向海岸迁徙的故事。在此意义上，该著作既是一部时间的历史，也是一部空间的历史。

《沙丁鱼与气候变动：关于渔业未来的思考》阐述了“稳态变换”现象，即伴随着地球大气和海洋的变化，鱼类的可捕获量间隔数十年会以一定规模变动。并以沙丁鱼为例，介绍了该鱼类种群的稳态变换现象，讨论了海洋和海洋生物资源可持续利用的方向，强调了解“大气－海洋－海洋生态系”构成的地球环境系统的重要性，为我们带来一种崭新的地球环境观。

《大海之殇：航海时代的大西洋捕捞》一书中，作者博尔斯特以史学家的视角叙述了近千年来人类对大西洋的蚕食侵害，又以航海家的身份对日益衰减的海洋资源扼腕叹息。先进捕捞工具使渔获量上升，人类可持续发展意识不强则导致了渔业资源储藏量骤降，海洋鱼类的自我恢复能力也受到威胁。作者用详实的数据和真实的案例论证了生态基线的逐渐降低和海洋资源的加速匮乏，振聋发聩，引人深思。该书引经据典，语言风趣，是海洋生态领域不可多得的一部力作。

《蓝色城市主义：探索城市与海洋的联系》聚焦“蓝色城市主义”的概念，诠释了城市与海洋之间的联系，从多个视角阐述如何将海洋保护融入城市规划和城市生活。蓝色城市主义这一新兴概念的诞生，意味着城市将重新审视其对海洋环境的影响。该书为我们描绘了一幅蓝色愿景，强调城市与海洋之间的认同，引发了读者对“如何在蓝色城市主义的引领下履行海洋保护的应尽之责？”这一问题的思考。

《向海边学习：环境教育和社会学习》重点介绍了日本“利用海洋资源”和“与海洋和谐共处”的经验，以环境教育和社会学习为主题，从日本的沿岸区域、千禧年生态系评价与生态服务、海边环境的管理与对话、地域协作、环境教育的实践、渔业相关人员的交流对话、经验与学习、人类共同面临的海洋课题、海洋绿色食品链等多方面多角度进行了介绍和思考，是一本集专业性与易读性、基础性与前沿性为一体的海洋生态类专著。

《渔业与震灾》讲述了2011年东日本大地震发生后，日本东北、常磐一带的渔业村落面临的窘境：基于原有的从业人口老龄化、鱼类资源减少、进口水产品竞争等问题，渔业发展不得不面对核辐射的海洋污染、媒体评论等次生灾害的威胁。作者滨田武士认为，要解决这一系列的海洋生态问题，应当重新重视传承了渔民“自治、参加、责任”精神的渔业协同合作组织的“协同”力量，只有从业人员的劳动“人格”得以复兴，地域的再生才能得以实现。

《美国海洋荒野：二十世纪探索的文化历史》是一部海洋生态批评著作，作者以传记写作方式介绍了7位海洋生态保护主义者的生平与理论。通过将美国荒野的陆上概念推进到海洋，架起了陆地史学与海洋史学之间的桥梁，将生态研究向前推进了一大步，对海洋环境和历史研究是一个巨大贡献，对中国海洋生态保护和蓝色粮仓研究是一个重要启示。

上海海洋大学是一所以“海洋、水产、食品三大主干学科”为优势，农、理、工、经、管、文、法等多学科协调发展的应用研究型大学。百余年来，学校秉承“渔界所至海权所在”的创校使命，奋力开创践行“从海洋走向世界，从海洋走向未来”新时代历史使命的新局面。上海海洋大学外国语学院与上海译文出版社、外语教学与研究出版社合作，先后推出“海洋经济文献译丛”、“海洋文化译丛”和“海洋生态文明译丛”系列译著。这些译丛的出版，既是我校贯彻落实国家海洋强国战略的举措之一，也是我校外国语言文学学科主动对接国家战略、融入学校总体发展，致力于推动中外海洋文化交流与文明互鉴的有益尝试。

本套丛书“海洋生态文明译丛”是上海海洋大学、外语教学与研究出版社以及从事海洋文化研究的学者和翻译者们共同努力的成果。迈进新时代的中国正迎来重要战略机遇期，对内发展蓝色经济、对外开展蓝色对话是我国和平利用海洋的现实选择。探索搭建海洋生态文明研究的国际交流平台，更好地服务于国家海洋事业的发展是我们应当承担的历史使命。相信我们能在拥抱蓝色、体悟海洋生态之美的同时，进一步“关心海洋、认识海洋、经略海洋”，共同推动实现生态繁荣、人海和谐的新局面。

李家乐

2020 年 5 月 20 日于上海

译者序

刚刚过去的这个夏天，全球都在发生着各种灾难。我国河南遭遇“千年一遇”的大暴雨，日本暴雨引发山洪，韩国南部连续降雨，印度暴雨引发洪水，德国爆发“千年洪灾”，美国飓风“艾达”在路易斯安娜州新奥尔良市西南海岸肆虐……这些灾难引发巨大的人员伤亡和经济损失。而且，这些灾难引发的环境问题也不容忽视：2009 年，科学家在太平洋上发现一个巨大的垃圾岛，这是由 400 万吨塑料垃圾组成的漩涡，面积相当于两个得克萨斯州，也被称为“第八大陆”；2021 年，在台风“烟花”横扫过的上海滨江森林公园，台风引起海水倒灌，让那些原本被丢弃在海里或海边的垃圾又回到了陆地。这些仅仅是全球所有环境问题中的冰山一角，但却深刻地提醒着人类：那些扔向海洋的垃圾并没有消失，终有一天自然会以某种方式“回赠”给人类。

这些林林总总的环境问题发生在全球各地。《蓝色城市主义：探索城市与海洋的联系》（*Blue Urbanism: Exploring Connections Between Cities and Oceans*）一书给我们描述了这些环境问题以及它们引发的严重后果。本书的原著作者蒂莫西·比特利（Timothy Beatley）是美国弗吉尼亚大学建筑学院城市与环境规划系主任，专注于可持续社区战略打造的研究。其代表作品包括《亲自然城市：在城市规划设计中引入自然》（*Biophilic Cities: Integrating Nature into Urban Design and Planning*）、《弹性城市》（*Resilient Cities*）、《绿色城市主义》(*Green Urbanism*) 等，这些作品从各个角度探讨如何从根本上减少城市和城镇的生态足迹，让城市更宜居。

由联合国经济和社会事务部人口司编制的《2018 年版世界城镇化展望》显示，目前世界上有 55% 的人口居住在城市地区，预计到 2050 年，这一比例将增加到 68%，届时城市人口将增加 25 亿——21 世纪是城市的世纪，将见证人类历史上最大规模的人口迁徙。《蓝色城市主义》在描述各种环境问题之后，探索了蓝色星球上的城市化对海洋的影响，也阐述了海洋对城市居民乃至整个人类的重要意义。同时，作者就蓝色星球的城市化提出一系列愿景，倡导城市设计、公园和保护的创新形式，并详解这些行动对海洋的深刻影响，探讨推进城市化愿景需应对的一系列道德和价值困境。

《蓝色城市主义》的目标读者不仅仅包括海洋环境和城市规划方面的学者，也包括关心海洋可持续发展、关注人类未来发展的每个城市居民。

原著语言平实，作者试图以通俗易懂的语言让普通读者理解城市和海洋的直接以及间接联系，并让他们理解何谓“蓝色城市主义”，同时让每个城市居民，特别是沿海城市的居民，理解如何通过自己的改变来改变人类和海洋相处的模式，从而让海洋恢复往日的蔚蓝。虽然本书语言平实，但由于其内容涉及海洋环境、海洋资源、城市化等话题，一些专业术语使本书的翻译过程变得困难。同时，作为城市与环境规划专家，比特利对如何利用城市规划彰显蓝色城市主义的理念，也提出了很多创新性见解，而这些全新的概念使翻译过程变得更困难。所幸在翻译过程中，译者得到了很多前辈和同仁的帮助和点拨。邹磊磊教授是上海海洋大学外国语学院的教授，曾担任经济合作与发展组织渔业政策分析师，拥有英语翻译和海洋管理的跨学科背景。邹老师可谓我的良师益友，在整个翻译和校对过程中给我提供了莫大的帮助，大到全书主题结构的梳理，小到字、词、句甚至是标点符号的反复推敲。沈卉卉老师一直从事渔业文本的翻译工作，同样兼具跨学科背景。马百亮老师长期从事翻译工作，对翻译拥有独到的见解，经验丰富。几位老师对译文的遣词造句和专业内容提出了宝贵的修改建议。同时，本译著的出版离不开上海海洋大学外国语学院搭建的良好平台，刘纯副院长为此付出了很多心血，在此一并表示感谢。最后也想感谢我的家人，总是在我背后默默地给予支持和鼓励。

雪崩的时候，没有一片雪花是无辜的。在自然灾害面前，人类是渺小的，没有任何一个人能够保证自己在灾难前全身而退。面对自然，人类唯有敬畏。2021 年的夏天注定是一个不一样的夏天，在这个夏天，我们遭遇了太多的灾难。这样的夏天是否会成为未来的常态，这在一定程度上取决于我们现在的行动。

郤庆燕

于 2021 年 9 月 9 日

目　录

图　目

前言

蓝色星球城市的全新视角

乍一看，这本书的标题或许有些奇怪，毕竟，海底并没有城市。或许，采用这个标题就是为了引起读者的注意，让人眼前一亮，亦或许是为了引起读者的思考，思忖“这是什么意思呢”？我希望这种思考不仅能引发我们关于城市与海洋之间密切联系的讨论，同时也能够提高我们对二者之间联系的认识。蓝色星球日益城市化，这到底意味着什么呢？乐观一点来看，我们又该如何有效利用政治力量和城市居民的创造力改变海洋、改善海洋环境呢？

本书旨在增强城市政府部门、规划者、设计师、科学家和城市居民的海洋意识，了解城市和海洋之间互为补充的关系，促进各方密切协作，实现城市和海洋之间的共同可持续性发展。城市和海洋协同发展，有许多成功的案例和做法可循，但这还远远不够，我们需要探索更多的有效途径，实现人类与海洋生命的共同发展。

人类生活在神奇的海洋星球上，海洋对我们生活的影响比我们想象的更加深远：海洋影响着天气变化，是人类重要的食物来源，甚至复杂的现代化电力和运输系统很大程度上都依赖于海洋。然而，在现代城市规划、政策制定和设计中，我们却几乎忽视了海洋和海洋环境。即使在最发达的城市，城市规划也仅仅停留在采取措施集中应对气候变化导致的海平面上升等问题的初始阶段。然而，正如本书所探讨的那样，在保护陆地生态系统的同时，城市规划也应考虑如何保护海洋生物和海洋生态系统，这也是人类的职责所在。尽管地球上 70% 的面积被海洋覆盖，但却只有 1% 的海洋面积被划为保护区，禁止过度开发。

近年来，西尔维亚·厄尔（Sylvia Earle）、丹尼尔·保利（Daniel Pauly）、南希·诺尔顿（Nancy Knowlton）和杰里米·杰克逊（Jeremy Jackson）等海洋学家做了大量工作，让人们逐渐认识到，人类和海洋紧密相连，然而人类活动却直接或间接使海洋陷入目前的悲惨困境。开展海上实地调查和研究并非易事，因而人们往往对海洋知之甚少，并低估了海洋环境的重要性，但作为地球上的一个物种，人类的生存与良好的生态环境密不可分。[1]

目前，海洋科学界逐步形成共识，认为海洋面临诸多威胁，包括过度工业捕捞、严重污染、资源浪费以及气候变化等。大卫·爱登堡[a]（David Attenborough）曾拍摄了一部震撼人心的纪录片，题为《海洋的消亡》，而珊瑚礁生态学家杰里米·杰克逊（Jeremy Jackson）则提到了即将来临的“海洋末日”，描绘了未来海洋丧失丰富物种和复杂生态系统的黯淡前景。[2]

虽然现在我们仍然还有机会修复人类与海洋的关系，避免过度开发，改善海洋环境，但这需要城市及城市居民挺身而出，利用政治力量和不断增长的经济财富，发挥创造力和独创性，更有效地管理海洋。

2005年，我在西澳大利亚州待了六个月，这段经历让我坚信，城市及城市居民能够适时地、有效地保护海洋。大珀斯地区的许多居民都已经意识到海洋和沿海地区的环境问题，对这些问题也颇为关注。就是否允许在生物多样性高度发达的宁格鲁礁（Ningaloo Reef）沿线开发度假项目，当地居民曾经展开过激烈的讨论，人们普遍认为拟建的位于海岸边的大型酒店建筑群会严重破坏该地区的海洋生物多样性。

---

a 大卫·爱登堡（David Attenborough，全名 David Frederick Attenborough，又译大卫·爱登堡禄、戴维·爱丁保罗夫、戴维·阿腾伯格）被认为是有史以来旅行路程最长的人，多年来与BBC的制作团队一起，实地探索过地球上已知的所有生态环境，不仅是一位杰出的自然博物学家，还是勇敢无畏的探险家和旅行家，被世人誉为“世界自然纪录片之父”。——译者注

图 0-1　新西兰惠灵顿不论在地理环境还是文化传统上都与太平洋有着千丝万缕的联系。（图片来源：蒂姆·比特利）

当时，在珀斯标有“拯救宁格鲁”的保险杠贴纸（贴在汽车后保险杠上的贴纸，通常印有政治、宗教标语或幽默言语）几乎随处可见，这让我感到很意外。人们对距离珀斯市区 750 英里（约 1200 公里）外的海洋环境感到忧心，对破坏这一环境的行为感到愤怒，这也让我感到很震惊。当地居民们举行集会，写联名信表示他们担忧该地区的开发将对珊瑚礁产生负面影响。针对这些抗议，该州州长（相当于美国的州长）回应了公众舆论，并最终否决了该项目。这一轶事给我留下了深刻印象。它让我看到，城市居民即使身处几百公里以外，也能够关心并为海洋环境发声。

但是，海洋健康和海洋生物面临的新威胁与日俱增，无论是现在还是未来，海洋保护需要城市及其居民付出更为艰苦卓绝的努力。这些共同的努力必须建立在一定的伦理基础之上，我暂且把它称为“蓝色城市主义”，通常更常见的说法是“绿色城市主义”。我之前的研究和著书均围绕着“绿色城市主义”，而“蓝色城市主义”则是这一说法的延伸。

绿色城市主义提倡将生态设计、生态实践和生态技术与城市环境有机融合，这也是我们必须要做的。我们通常认为，城市居民聚居在城市中会产生规模效应，因而可以更加有效地利用资源，减少消耗，缩短供应链（例如，推广本地供应的食物和建筑材料等），并同时转向“循环代谢”。“循环代谢”依赖于由既有环境所产生并整合到既有环境中的可再生能源。我们逐渐认识到，紧凑、密集、多样化的城市生活方式是我们实现可持续性发展最重要的途径之一。

然而，正如本书中所指出的，在绿色城市的发展议题中，海洋和海洋环境往往被忽略（我也曾经犯过同样的错误，2000 年我完成了一本关于绿色城市主义的重要著作，其中却对海洋只字未提！）。[3] 我们几乎没有意识到城市和城市居民最终赖以生存的是这个“蓝色”家园，我们也几乎没有意识到必须把海洋环境的健康和保护明确纳入城市发展议题。现在是时候正视这个一直以来被我们普遍忽略的问题了。

蓝色城市主义与爱德华·威尔逊（E. O. Wilson）提出的亲生物性假说（Biophilia）息息相关。亲生物性假说认为，人类，特别是居住在城市的居民，与其他生物有着与生俱来的亲密情感纽带。[4] 为了建设绿色城市，人们在城市设计中注重节约能源、减少浪费、减少用水。这些做法自然不可或缺，创造性的设计和先进的技术也可以帮助人们实现这些目标。但是，“绿色”城市发展议程往往忽略了“绿色”的实际含义和字面意思：想要健康幸福地生活，我们需要亲近大自然，徜徉于绿树环绕、鸟语花香的公园和绿地。当我们欣赏着海洋景观，看到跃出水面的鲸鱼和成行飞行的鹈鹕，在浅滩潜水、海滩漫步时体验五彩斑斓的海洋世界，此时也就是我们在响应内心的召唤，与海洋中的其他生命一起欣赏、触摸和体验这奇妙的海洋世界。

让身处城市中的人们能感受到与海洋的密切联系对城市设计而言意味着什么呢？我们如何在城市规划、城市建设和城市政策制定中充分利用海洋带给我们的福祉呢？许多地方政府已初步采取措施应对一些破坏性行为，例如禁止使用塑料袋、禁止食用鱼翅等。这些措施卓有成效，这些成功的案例也为城市居民如何维护健康的海洋环境发挥了作用，提供了借鉴。

为了供应亚洲的鱼翅市场，渔民们通常会切断鲨鱼鳍、丢弃鱼身，这样的做法血腥残忍。鱼翅的例子让我们看到，城市和城市居民所拥有的潜在政治影响力。每年“捕捞”的鲨鱼高达7000多万条，这导致了鲨鱼数量锐减。

美国一些城市已经颁布了鱼翅出售禁令，现在美国有四个州已通过立法执行该项禁令，其中包括距离野生鲨鱼生活海域数百英里的伊利诺伊州。即使在像香港这样以鱼翅为美食的城市，人们的态度也在逐渐改变，食用鱼翅也引起了很大的争议。虽然改变这样的现状绝非一日之功，但我们还是有可能做到的。香港某著名跑步组织连续七年以全身鲨鱼服参加该地区由渣打银行冠名的马拉松比赛。[5] 每个跑步者的笑脸都绽放在张开的鲨鱼嘴里，他们的形象轻松诙谐。然而，对于跑步者而言，他们所做的事情却是非常严肃，充满正义的，他们希望采用马拉松比赛这种公众喜闻乐见的方式引导人们正视鱼翅入馔这个严肃的问题。随着全球越来越多的城市推行鱼翅禁令，消费鱼翅的人群正在逐步减少。2012 年秋，国泰航空香港航线决定禁止其航班运输与鲨鱼相关的货物产品。正如澳大利亚保护宁格鲁礁、旧金山禁止使用污染环境的购物袋那样，香港地区也可能会转变对食用鱼翅的态

图 0-2　曼谷一家店面售卖的鱼翅

（图片来源：雅虎旗下图片分享网站 Flickr）

度，注重保护海洋，为海洋生物营造良好的生存环境，并蜕变为保护海洋环境的先锋城市。

地方政府可以采取多种手段，影响政策的制定，改变人们的行为模式，从而减少对海洋环境的破坏。在制定相关政策时，政府可以通过扶持新的项目、发起倡议等方式，让城市居民更好地了解周围的海洋环境，并与之建立良性联系。政府可制定新的建筑设计标准，在恢复海洋生物栖息地的同时，让人们能有机会了解水底世界，选择秉持“蓝色城市主义”理念的建筑公司和开发商，与他们签署市政建筑合同。政府还可以通过当地水族馆资助扶持相关项目，推动渔业更可持续发展，鼓励把养耕共生[a]等技术运用到当地的水产品生产行业。此外，政府通过建立海洋姐妹城市、开展城市赞助的海洋探险等一系列行动，让人们感受深海海域神奇魅力的同时，也认识到人类活动给水生生物带来的健康威胁。

政府还可以把一些传统的政策工具创新性地运用于海洋环境管理。例如，土地分区是地方政府经常采用的陆地管理措施，但现在也可以延用到海洋管理和海洋环境治理中。沿海城市可以划分“蓝化带”进行保护，这就类似于内陆城市的绿化带。

a 养耕共生（Aquaponics）是一种结合水产养殖与农业耕作形成的共生共荣的永续有机生产模式。采用这种生产模式，农业耕作不再需要大量施肥，水产养殖不需常换水，所以它是一种节省资源的生产模式。——译者注

图 0-3　位于红海亚喀巴湾（Gulf of Aqaba）的橙色拟花鮨（Orange Anthias）（图片来源：美国国家海洋和大气管理局 / 约旦亚喀巴，穆罕默德·莫曼尼）

从某种意义上来说，蓝色城市主义是现代环保意识逐步增强的自然表征。它强调将解决海洋问题战略性地融入个人生活、城市规划和政府工作要点。众所周知，蓝色星球上的万物皆息息相关，人类消耗物质、能源和粮食的方式将深刻影响海洋生物和海洋生态系统，并最终影响人类自身的健康和福祉。因此，在城市规划和城市建设中，我们应推崇蓝色城市主义。蓝色城市能够让人们充分认识到，人类的生态足迹不仅仅局限于自身活动所在社区，它会延伸到更深远的地方，而海洋这一腹地则支撑维系着人类的生态足迹。因此，当政府制定政策时应该要充分考虑人类活动对海洋环境的影响。

最终，如何在深刻了解海洋和海洋环境的基础上培养一种全新的城市文化是人类面临的一大挑战。作为城市居民，我们需要亲近水生生物。我相信，在不久的将来我们会构建一种全新的城市意识，不仅能够更好地认识海洋，而且无可争议地将海洋作为蓝色星球生活的组织框架和叙事中心。以下章节将讲述诸多个人和城市的成功案例，以及在这些全新海洋意识的引领下我们采取的各项积极行动。作为“陆地上的城市居民”，我们必须直面蓝色城市主义带给我们的挑战，充分理解我们作为海洋公民的角色，认识到海洋是城市环境不可分割的一部分。作为“蓝色星球的居民”，我们必须着手创建更有效的管理体系，保护这个神秘、美丽，却又容易被忽视的“蓝色家园”。

注释：

1. See, for example, Sylvia A. Earle, *The World Is Blue: How Our Fate and the Oceans Are One* (Washington, DC: National Geographic Society, 2009), Jeremy Jackson et al., *Shifting Baselines: The Past and the Future of Ocean Fisheries* (Washington, DC: Island Press, 2011); and Daniel Pauly, *5 Easy Pieces: The Impact of Fisheries on Marine Ecosystems* (The State of the World's Oceans) (Washington, DC: Island Press, 2010)
2. See *The Death of the Oceans*, http://topdocumentaryfilms.com/death oceans; and the Jeremy Jackson evening lecture “Ocean Apocalypse” http://www.youtube.com/watch?v=2zMN3dTvrwY.
3. See, for example, Timothy Beatley, *Green Urbanism: Learning from European Cities* (Washington, DC: Island Press, 2000).

4. See Timothy Beatley, *Biophilic Cities: Integrating Nature into Urban Design and Planning* (Washington, DC: Island Press, 2011).
5. Joanna Chiu, "Runners Take Their Case for Shark Fin Ban to Hong Kong's Big Marathon," *South China Morning Post*, February 4, 2013.

第一章
城市与海洋的联系

城市的发展在很多方面都与海洋息息相关。广袤的海洋为我们释放了宝贵的生态红利，海洋孕育了现代文明的气候模式，海洋生物制造了大量的氧气，为人类提供了碳封存的理想场所等。无论距离远近，世界上所有的城市都能够从海洋资源中获益。海洋是世界主要的碳汇所在，每年吸收约20亿吨二氧化碳，这大大缓解了气候变化带给人类的影响。海洋生物，如鱼类、软体动物和植物，是世界上大多数人口的食物来源，特别是蛋白质的重要来源。现代社会的发展很大程度上都依赖于海洋资源，例如运输货物的航道，海底储存的石油等。

正如海洋学家、海洋探险家西尔维亚·厄尔的精辟论断所言，海洋是一切的关键所在："海洋影响着气候和天气，对大气温度起着调节作用，容纳地球97%的水体，覆盖全世界约97%的生物圈。辽阔的海洋，从阳光照射的海面到最深的海底，物产丰富，生物多样。”[1] 厄尔认为，良好的海洋环境对我们每个人都至关重要：“即使你从来未有机会欣赏大海或近距离感受海洋，但你所呼吸的每一口空气，所喝的每一滴水，所吃的每一口食物都与海洋有着千丝万缕的联系。任何地方的任何人都与海洋休戚与共，完全依赖于海洋。”[2]

城市消费和各种生产活动在许多方面都直接或间接地依赖着海洋所提供的资源。海洋面临来自各方面的诸多压力，这些压力大多比较抽象，难以为人们所理解，因为在人们的日常生活中不太可能了解海洋资源的供应链，也无从了解那些鼓励海洋过度开发的国际条约。但是，若要创建蓝色主义城市，我们必须重新审视目前的政策，梳理海洋和城市之间的关系，采取新的替代方法，避免对海洋的破坏。

城市对海洋资源的需求

海洋为人类提供了丰富的资源，例如食物、石油、风能等。然而有证据表明，大多数开采这些资源的常规做法都严重破坏了海洋环境。我把这种现代城市生活对海洋的入侵暂且称为“人类对海洋的扩张”。海洋为人类提供资源和服务，而与此同时，繁忙的航道、林立的风电场、钻井平台和来来往往的工业渔船却影响着海洋生态系统的完整性。

可以说，海洋是维系现代生活方式的基础自然资源。海床资源的开采面临着日益加剧的压力，甚至已经有人提议在北极勘探石油和天然气。当给汽车加油的时候，你有没有想过这种过度依赖石油的运输方式会对海洋产生什么样的影响？2010年夏天，许多人在电视上看到墨西哥湾深水输油管道爆炸后原油泄漏的画面，这些画面触目惊心。[a]这些令人痛心疾首的经历提醒我们，过度依赖石油和汽车的生活方式会严重影响海洋环境。尽管此后人们一直在探讨监管体系是否有效、海上和深海钻探平台的数量是否合理等问题，尽管最近英国石油公司支付了45亿美元赔偿金就此事达成和解，但实际情况并未改善。

依赖化石燃料对海洋造成的最大威胁可能是气候变化。海洋学家杰里米·杰克逊向人们描绘了一幅幅触目惊心的画面：海水迅速升温，到21世纪末，海面温度可能会上升3至4摄氏度，随之而来的是海洋化学物质、生物种群和生物功能的改变。全球海洋温度的上升已经严重影响了海洋物种的分布。随着海洋生物

---

a 美国墨西哥湾原油泄漏事件：2010年4月20日，英国石油公司在美国墨西哥湾租用的钻井平台“深水地平线”发生爆炸，导致大量石油泄漏，酿成一场经济和环境惨剧。美国政府证实，此次漏油事故超过了1989年阿拉斯加埃克森公司瓦尔迪兹油轮的泄漏事件，是美国历史上“最严重的一次”漏油事故。——译者注

寻求新的生存环境，适应不断上升的温度和新的栖息地，海洋将会发生更加深刻的变化。[3]海洋分层和海洋水层混合的减少将进一步降低海洋生态系统的复杂性和生产力，因为海洋水层的混合具有重要的生态功能和生物功能。例如，在海洋中的许多地方，营养物质的上涌（或被困在下层的营养物质通过其他方式流向表层）为构成海洋食物链基础的物种提供了重要的食物来源。

海洋作为“巨大的碳储存库”，可能会减少或缓解人类大量使用化石燃料所产生的影响。[4]但同时也会给海洋以及海洋生物带来致命的打击，因为海水酸化一直是导致珊瑚礁死亡的重要因素，并且会进一步破坏重要的海洋食物链。浮游生物及其他海洋生物需要从海水中吸收碳酸钙形成外壳，而随着海水酸碱度的降低，碳酸盐含量逐步减少，这些生物的外壳将难以形成。[5]

从乐观的角度而言，海洋也可能是实现全球未来可持续发展的最大希望，因为海洋有着巨大的可再生能源生产潜力，可以缓解目前人类对化石燃料过度依赖所产生的一系列问题。与陆地发电机相比，海上风力发电具有诸多优势。目前，美国和世界各国正在开发一些海上风能项目。海上风力发电前景广阔，潜力巨大。据美国能源部启动的“风力美国”（Wind Powering America）行动倡议估计，美国风力发电的潜力约为4150千兆瓦，约为该国目前能源产量的四倍。[6]虽然开发这些能源技术是为了积极倡导低碳发展模式，实现可持续发展，但同时也给近海环境带来了新的压力（例如会影响鱼类活动和海洋生物栖息地）。我们必须谨慎定位、合理设计，确保将其影响控制在最小范围内。

过去半个世纪以来，随着全球贸易的增长，海洋也逐渐成为重要的运输渠道。全球各种货船数量庞大，将汽车零部件、T恤衫、手机等货物运往世界各地。鲸鱼被大型运输货船撞击而致残或致死的新闻屡见不鲜，这严重威胁着鲸鱼的生存。鉴于此，我们主张改变进出港口城市的主要航道，减少对鲸鱼的威胁，这一做法取得了一些进展，一定程度上降低了鲸鱼的死亡率。美国国家海洋和大气管理局（NOAA）最近与船舶业合作，为进出旧金山海湾的船舶开辟了新的航道，制定了新的操作规范（包括启用"实时鲸鱼监测网"）。[7] 然而，最近几年，加利福尼亚沿海地区的报告显示，航运对鲸鱼的生存仍然构成很大的威胁。蓝鲸，这一濒危物种，其死亡率依然居高不下。[8]

此外，相比其他的食物来源，越来越多的人从鱼类获得蛋白质。然而，人类大规模捕获鱼类和其他海产品的方式完全是不可持续的，很多做法与陆地上的粮食产业生产方式惊人地相似——目光短浅、毁坏环境、高度机械化、依赖补贴。全球大多数国家的渔业产能要么饱和，要么超负荷运转。在过去几十年中，全球捕捞船队越走越远，过度捕捞愈演愈烈。正如世界自然基金会的报告所言，过去四十年，全球渔获量增加了五倍，这是因为人们航行至更深更远的海域，采用了更大的渔网，使用了拖网捕捞等极具破坏性的捕捞技术，例如围网法和延绳钓。[9] 据保守估计，每年约有 7000 多万条鲨鱼被割鳍弃鲨，这种做法极其残忍，同时也造成了资源的极大浪费，可能会给生态环境带来深远的影响。

污染水域的延伸

几个世纪以来，沿海城市一直把海洋视为天然的垃圾场和开放的下水道，认为海洋面积广阔，不容易破坏或改变。现在，科学告诉我们，事实并非如此。人们已经认识到海洋中塑料累积的问题，但最新研究表明，塑料累积对海洋造成的影响比我们预想的要更糟糕。加州大学戴维斯分校的研究人员最近发现，与其他塑料相比，某些类型的塑料，特别是用聚乙烯制成的塑料制品，如塑料瓶和塑料购物袋，会从水中吸附大量的毒素。此外，研究发现，塑料在降解过程中会吸附更多的毒素。[10] 该研究得出结论，海洋生物在误食塑料时面临着“双重威胁”：如果一只海龟将塑料袋当作水母误食，即使幸存下来，仍然会慢慢中毒而亡。

如何减少污染，阻止塑料流入海洋，是人类面临的一大挑战。目前，政府开始通过禁塑令和对塑料袋进行收费等方式来应对这一挑战，但如何清理现有的垃圾可能更具挑战性。澳大利亚的一个研究小组最近得出结论，即使发生奇迹，我们从现在起可以完

图 1-1　在一次海洋废弃物调查和清除巡游中，美国国家海洋和大气管理局潜水员在夏威夷群岛西北部的法国军舰环礁岛解救一只被塑料缠绕的夏威夷僧海豹（Hawaiian monk seal）。（图片来源：美国国家海洋和大气管理局 / 美国国家海洋渔业局，雷 · 博兰）

全阻止塑料流向海洋，海洋垃圾漩涡也要经过五百年才会停止增长。

近海区域的现状也不容乐观。海洋已成为城市生活垃圾的主要倾倒场和液体填埋场。如果不把这些垃圾直接倒入大海，我们还有其他选择吗？在城市设计时我们总认为海洋广阔无垠，就算将所有垃圾排入海洋，也不会有什么后顾之忧，因此，人们将塑料、各种城市固体垃圾以及未经处理的废水一起倾倒进海洋。但研究表明，这些未经处理的垃圾排放对海洋生态系统产生了严重影响。

除塑料垃圾外，城市地区的陆源空气污染也是影响海洋环境的一大因素。例如，为满足大量城市能源需求而建造的燃煤发电厂将大量汞排入海洋，这些汞金属对海洋生命和人类健康的威胁正在不断上升。联合国环境规划署（United Nations Environment Programme）最近发表的一份报告指出，过去一百年来，100 米（300 英尺）深海中，汞的含量翻了一番。[11]

尽管有些区域离海岸数千英里，但随着过量的氮和磷被冲到河流下游以及入海口，工业化农业也开始影响海洋环境。这些化学物质导致藻类大量繁殖，消耗水中所有可用氧气，形成海洋“死区”，导致这些区域的海洋生物几近灭绝。其中最臭名昭著的是墨西哥死湾，而全世界这样的“死区”有 400 多个，预计这一数字在未来几年还将不断增加。[12] 这将会直接影响人类健康，因为藻类水华释放的毒素会引发疾病甚至死亡。[13]

健康的海洋环境至关重要

困扰人类已久的问题是“公共地悲剧”（tragedy of the commons）[a]。与许多其他自然环境问题一样，海洋环境和海洋生物

---

a 公共地悲剧，又称“公地悲剧”，起源于威廉·佛司特·洛伊（William Forster Lloyd）在 1833 年讨论人口的著作中所使用的比喻。指的是有限的资源注定因自由使用和不受限的要求而被过度剥削。由于每一个个体都企求扩大自身可使用的资源，最终就会因资源有限而引发冲突，损害所有人的利益。就如亚里士多德所言：“那由最大人数所共享的事物，却只得到最少的照顾。”——译者注

所面临的困境是外部因素造成的（外部化），很多情况下是隐而不见的，是许多决策和行为产生的累积影响。而这些政策和行为短期内很难改变，因为尽管造成了诸多直接或间接的负面影响，但很难找到它们之间明显的因果关系。即便如此，我们还是应该去研究分析那些破坏海洋环境的行为和政策，并作出改变。

众所周知，海洋生态系统除了生态功能外还具有巨大的经济价值。“全球海洋伙伴关系”联盟（Global Partnership for Oceans）[a]的建立就是一个很好的例子，该联盟发布了几组重要的统计数据：海洋为全球提供了 3.5 亿个就业机会，鱼类和各类海鲜的年贸易额高达 1080 亿美元。仅与珊瑚礁相关的生态旅游的经济价值就高达 90 亿美元。[14] 维护健康的海洋环境会带来巨大的经济收益；反之，海洋环境的恶化也会产生高昂的社会代价、环境代价和经济代价，这是蓝色城市主义的一个重要理论前提。未来的城市决策者应充分考量这些成本与收益，并使其成为政策制定的依据。

人们可能不会想到，对海洋生物的考察研究也会惠及其他行业。例如，许多药物是从海洋生物体内提炼、萃取的新型有机化合物，如大家所熟知的珊瑚、海绵和被囊动物已用于抗癌、抗疟

a “全球海洋伙伴关系”是一个政府、私营企业、研究机构和国际组织共同致力于维护海洋健康与生产力的新的多元化的联盟，2012 年 2 月首次由世界银行行长佐利克在世界海洋峰会上宣布，并获得越来越多的支持。目前，海洋伙伴关系瞄准三大重点领域：捕捞业和水产养殖业的可持续海产品生产与生计，关键的沿海和海洋栖息地与生物多样性以及减少海洋污染。——译者注

疾、抗病毒药物的生产。[15] 在工程科学领域，研究海洋生物为开发新型材料、推进研究和再生设计提供了大量灵感。从受鹦鹉螺壳启发的建筑设计，到像鱼群一样行动自如的自动汽车，再到模仿鲨鱼皮的泳装面料，我们从海洋生物身上学到了很多。[16] 弗吉尼亚大学工程学院的研究人员受美国海军委托研发一种新型水下交通工具，试图模仿行动敏捷的蝠鲼。[17] 最近，科学家们发现了一种绿色光合细菌，这种细菌生活在太平洋底约 2400 米（7200 英尺）深的地方。它们之所以能够在恶劣的环境中存活下来，是因为它们能够从少量的光中吸收能量和养分，以及从热液喷口中吸收硫。这些细菌掌握着人类未知的秘密：极端环境下生命是如何诞生的？这可能会为人类如何适应蓝色星球的变化提供借鉴，帮助我们在看似毫无生命迹象的行星上寻找生命。[18]

图 1-2　遥控车“大力神”下水执行任务。

（图片来源：海中之山研究小组 / 美国国家海洋和大气管理局）

优化海洋管理模式

令人欣慰的是，在许多坐拥美丽海景的城市，例如波士顿、旧金山、迈阿密，当地居民已采取措施恢复海洋环境，与海洋积极互动。这有助于提高城市生活质量，帮助城市居民与海洋建立良性联系。我们需要从根本上改变城市居民对待海洋的态度，激发城市及其居民保护海洋环境的巨大潜力，形成海洋保护意识，关爱海洋环境。创造绿色的城市陆地环境，节约使用各种能源和资源固然重要，但如果我们忽略海洋和水生世界，建立可持续发展社会的努力就只能是镜中花、水中月。这意味着我们要重新思考当前的管理模式及其对海洋环境的不良影响，我们所说的海洋环境既包括人们所熟悉的近海，也涵盖人类刚刚开始探索、远离城市的远海和深海。

美国城市居民的地域自豪感很少涉及本该包含在内的海洋世界。在最近的一次采访中，洛杉矶护水者联盟（LA Waterkeeper）的布莱恩·缪克斯（Brian Meux）告诉我，在这个拥有百万人口城市的近海就有着一大片巨藻森林。大多数人甚至不知道这个海洋世界的存在，更谈不上以此为傲并采取措施加以保护了。布莱恩希望改变这种状况："我的梦想是，有一天这里的人们为我们的海藻森林感到骄傲，就像夏威夷人为他们的珊瑚礁感到骄傲一样。"

不仅仅是洛杉矶，世界其他沿海城市也应该有这样的梦想，这就意味着我们必须培养城市居民对海洋环境的热爱。最近，我参观了西雅图，与金色花园公园（Golden Gardens Park）的贾尼斯·马西森（Janice Mathisen）进行了深入的交流，贾尼斯是西雅图水族馆海滩博物学家项目的负责人。退潮后，这里到处是裸露的岩石和藻类，一个由海葵、海星和月螺组成的奇妙世界展现在我们眼前。但大多数城市居民，由于缺乏相关的知识，即使他们来这里游览过，也并不明白他们看到的是什么，只有在专业人士的指引下，他们才能了解这个近在眼前的神奇世界。因此，类似海滩自然探索（Beach Naturalists）这样的项目就至关重要了。该项目培训了数百名自然探索志愿者，了解掌握潮间带[a]的生态和生物知识。他们穿行于城市的公园中，帮助人们更好地了解潮汐池中的生物。人们有机会直接观察自然，与野生动物亲密接触，逐渐就会对大自然感到好奇，充满兴趣。

在对生态城市的研究中，我发现生活在高度城市化环境中的人们尤其如此。一旦有机会接触自然，辅以适当的引导和鼓励，城市居民可以逐步学会欣赏周围的自然环境，从而提高自身的健康状况和生活品质。

---

a 潮间带，是指平均最高潮位和最低潮位间的海岸，也就是海水涨至最高时所淹没的地方开始至潮水退到最低时露出水面的范围。潮间带以上，海浪的水滴可以达到的海岸，称为潮上带。潮间带以下，向海延伸至约30米深的地带，称为亚潮带。——译者注

图 1-3 新奥尔良一停车场旁的海洋生物壁画无声地提醒着我们，人类生活在蓝色星球之上。（图片来源：蒂姆·比特利）

有些城市已经意识到充满野性的海洋环境对于陶冶人情操的重要性，并开始探索其在提高人们生活质量方面发挥的作用。新西兰惠灵顿，这个依山傍水的城市，正在积极地构建与海洋世界的联系。他们沿海岸建立新的海洋保护区；打造海洋教育中心，为儿童和成人提供近距离观察和接触海洋生物的机会；组织世界上第一次海洋生物限时寻（marine BioBlitz），让居民们参与海洋生物多样性的记录；以及构建“蓝带”新愿景，这也是对其长期以来广受赞誉的“绿带”系统的有益补充。跟西雅图一样，惠灵顿拥有丰富的海洋资源和海岸资源，许多居民休闲时喜欢潜水、浮潜、划船，沿着城市海岸线徒步，夏天人们也可以看到蝠鲼和鹰鳐（以及随之而来的虎鲸）游入港口等壮观景象。

的确，沿海城市，特别是可以近距离观察奇妙野生海洋世界的沿海城市，例如惠灵顿和西雅图，人们可以融入妙趣横生的海洋世界，涤荡心灵，这无疑对人们的身心健康大有裨益。本书中分享的一些成功案例表明，如果给予适当的机会，城市居民也希望更多地了解海洋，感受海洋。同时，海龟、鲸鱼等海洋动物的独特魅力，美轮美奂的海洋景观也会激发人们保护海洋环境的意识，进而优化我们的海洋管理方式。

改变从你我开始

通过研究亲生命性，即人类与生俱来、特别关注自然生命形式的倾向，我发现直接接触海洋和海洋生物、建立情感联系，有助于修复失调的人类与海洋关系。许多人已经通过划船、潜水和浮潜等活动与海洋建立了亲密关系。据估计，世界上有2200多万持证潜水员，他们显然与海洋有着更“深”（这里的深是指深海的深）的联系。我们在第七章也会提到，一批潜水员正逐步成为加州海藻森林的管理者。[19]

从观鲸到海滩拾贝，这些身临其境、感受海洋世界的机会比我们想象中要多得多，特别是对许多位于海陆交界处的沿海城市而言。根据佛罗里达–加勒比邮轮协会（Florida-Caribbean Cruise Association）的统计，2012年全球邮轮乘客数量创新高，达2030

万游客，这一休闲行业还会持续增长。[20] 尽管邮轮乘客的关注点常常不在海上，邮轮业的环保状况也不尽如人意，但我还是希望将邮轮乘客与海洋联系起来，使“海洋邮轮之旅”名副其实。

人们对观鲸的兴趣日渐浓厚，这也会增加就业机会，带动经济发展。沿着美国西北海岸，人们可以看到灰鲸迁徙的壮观画面。每年 3 月至 6 月，约有 1.8 万头灰鲸沿着俄勒冈州海岸迁徙。这些鲸鱼从位于墨西哥的产仔地向北迁徙，迁徙的路线离海岸很近，通常不到半英里。沿岸的城市居民有很多机会看到鲸鱼，(第六章中提及的)《也谈观鲸》(*Whale Watching Spoken Here*) 等类似节目有助于人们了解这一壮观的自然现象。

图 1-4　一只绿海龟在西太平洋北马里亚纳群岛联邦的塞班岛海岸遨游。(图片来源：戴维・伯迪克)

观鲸可带来一定的经济收益，同时也可减少人类对海洋资源掠夺式开发。2010 年，某国际研究小组发表了一份关于观鲸的全球经济潜力分析报告，特别强调了观鲸对发展中经济体的作用，因为观鲸项目在这些国家还未得以充分开发。报告还指出，观鲸的全球总经济效益可高达 25 亿美元。[21] 这表明，人类完全可以采取非掠夺式、破坏性较小的方式利用海洋资源和海洋环境。更重要的是，这表明许多人渴望接触千姿百态的海洋生物，人们参与保护和恢复海洋生态系统的潜力无限。

神奇多样的海洋生物

海洋科学家已经证明，海洋环境的生物多样性比陆地环境更为丰富，很多海洋奥秘与奇幻景观尚待挖掘，这对人类的发展大有裨益。这也为构建城市居民与海洋之间的联系、激发人们形成合理的海洋管理意识创造了千载难逢的机会。

2010 年 10 月，海洋生物普查公布了长达十年的海洋生物多样性研究结果。在生存环境极度恶劣的深海环境中究竟有多少生命？普查结果大大改变了人们对这一问题的预估。南希·诺尔顿所著的《海洋公民》（*Citizens of the Sea*）一书对普查中所描述的奇妙景象进行了形象的记录：将自己伪装成海藻的海龙（*Phycodurus eques*）；通过释放“脖子上分泌出的绿色荧光体液囊”摆脱捕食者的绿色轰炸机蠕虫（*Swima bombiviridis*）；咬牙切齿、吵闹不休的咕噜鱼；可以在海底山栖息地生活长达 125 年的罗非鱼（*Hoplosthethus atlanticus*）；凭借自己血液中的防冻剂可在寒冷的北极水域生存的银鱼；以及潜伏在深海中、样貌狰狞的远古掠食鱼类尖牙（*Anoplogaster cornuta*）。[22] 这些独特的海洋“公民”的故事不胜枚举，其生物特征比大多数小说家的想象还要奇特得多。

特别是从分类学的角度来看，有些奇妙的生命形式，其生物性和生命周期与陆地上的其他物种截然不同。灯塔水母（*Turri topsis nutricula*），一种原产于加勒比海的水母，甚至进化出一种称为分化转移的细胞过程，个体达到性成熟阶段后还能重新回到幼体状态，因此这种水母也被称为“长生不老的水母”。我们还在未被人类探索的广袤海域发现了更多的生命形态。最近，研究人员在夏威夷西北部岛屿为期一个月的潜水考察中，发现了十种新的珊瑚。

蒙特利湾水族馆研究所（Monterey Bay Aquarium Research Institute）研究员布鲁斯·罗宾逊（Bruce Robison）对这些环境进行研究，他指出，作为地球上最大的生命区域，深海的生物多样性可能比其他任何地方都更为丰富。[23] 他说道：“可能有着超过百万种未确定的物种生活在广阔的深海水域，它们的生物适应性和生态机制可能远超人类的想象……这片广阔栖息地中的海洋动物是海洋食物链中的重要一环。”[24] 海洋生物的多样性令人叹为观止，同时这也是价值斐然的天然宝库，可为解决错综复杂的现代环境、健康及工程问题提供借鉴。

虽然我们对海洋丰富的生物多样性知之甚少，但有一点是显而易见的：这些生命正遭受到严重威胁。人类活动，尤其是城市活动的影响，已触及深海水域。地表以下300英尺甚至更深的水域，也因人类活动的影响而改变，例如过度捕捞等人为因素加剧了气候变化，改变了海洋的水温和酸碱度。

但由于人类自身的局限性，一般人很难了解人类是如何影响离人类如此遥远的海洋生物的，也很难理解城市生活居然能影响深海栖息地。广大城市居民的消费模式和政府对海洋的治理方式极大地影响了海洋生物的栖息地，但城市居民无论在物理空间层面还是心理情感层面都对这些栖息地感到陌生，我们如何激发人们的兴趣，让大家参与到海洋环境的保护中来呢？

城市政府层面的改变

虽然个人参与有一定的成效，但个人努力还是要与公共政策协同合作，在地方一级政府的引领推动下，再逐步提升为国家政策和国际协定。本书主要侧重研究城市这一层级，因为它同时兼顾了个人的参与和政府的政策制定，尽管有时很难排除国家机构和国际司法机构的（必要）干预。例如海洋保护区（MPAs）通常要由国家和州政府批准设立，但正如第四章中会提到的，除了海洋保护区，沿海城市可以建造“蓝色公园”。在制定土地使用规划时，将海洋环境纳入其中，更好地保护城市周围的水域生态系统。

为了应对海平面上升等挑战，我们需要开拓创新，采用全新的方法来应对气候变化。许多沿海城市正在探索有趣的方法规划设计海陆交界面。我们稍后会提到，一些城市已经将绿带的概念延伸至“蓝带”，开始将海洋影响纳入未来全面规划和愿景，打造环境优美的宜居城市，营造更健康的近海环境。

旧金山、伦敦和新加坡等地的政府也树立了积极的榜样，颁布法令，尽量减少城市消费和生活方式对海洋环境的影响。从禁塑令到鱼翅禁售令，对危害海洋生物行为的监管约束法令越来越多。这也是我所倡导的蓝色城市主义理念在城市生活和城市治理中的体现。

本书将探索蓝色城市主义的方方面面，我相信蓝色城市主义可以通过多种形式实现。第二章将深入研究城市生活方式与健康海洋环境之间的联系，探讨如何减少城市污染进入海洋、使用更多可再生能源、创建更加“绿色”的港口城市。第三章将着重探讨全球捕捞作业、新出现的可持续渔业案例以及城市消费模式对海洋的影响。第四章和第五章将重新审视城市建筑和公共空间的设计，以提升城市应对气候变化和海平面上升的能力，将海洋环境纳入到城市空间规划和环境养护的考量中。最后，第六章和第七章将探讨城市如何创造更多居民与海洋直接接触的机会，建立情感联系，让居民积极参与海洋生态研究和恢复项目。

图 1-5　加利福尼亚州蒙特利湾水族馆，游客在观展。（图片来源：蒙特利湾水族馆，兰迪·怀尔德）

从纽约到鹿特丹，许多沿海城市都在尝试探索与海洋建立新的联系，产生了许多奇思妙想，例如，将城市海岸线看成反应潮汐和风暴变化的柔性边缘，在城市边缘水域建造漂浮建筑物和水上城市等，接下来的章节将谈到这些构想。

令人震惊的是，如今海洋面临着众多威胁，很多威胁都已到了临界点，即将造成不可逆转的生态破坏。这些威胁往往与城市人口的激增和现代发展的需求紧密相连。然而，正如接下来的各章节要探讨的，面对这些问题，我们也有很多应对方法，我们需要重新审视城市发展的传统做法，制定新的政策，采用更全面的方式进行海洋环境管理，从而惠及整个人类。

注释：

1. Sylvia Earle, *The World Is Blue: How Our Fate and the Ocean's Are One* (Washington, DC: National Geographic, 2009), 11.
2. Earle, *The World Is Blue*, 11.
3. Dorothee Herr and Grant R. Galland. *The Ocean and Climate Change: Tools and Guidelines for Action* (Gland, Switzerland: IUCN, 2009), http://cmsdata.iucn.org/downloads/the_ocean_and _climate-change. pdf.
4. Herr and Galland, *The Ocean and Climate Change*, 12.
5. For a more detailed discussion of this problem, see Ocean Acidification Network, "How Will Ocean Acidification Affect Marine Life?," http://www.ocean-acidification.net/FAQeco.html#HowEco.
6. "Progress Report: Seven US Offshore Wind Demonstration Projects," http://www.renewableenergyworld.com/rea/news/article/2013/04/progress-report-seven-us-offshore-wind-demonstration-projects.
7. Jason Dearen, "San Francisco Bay Whales: Feds to Reroute Ships for Marine Protection," *Huff Post: San Francisco*, July13, 2012, http://www.huffingtonpost.com/2012/07/14/san-trancisco-bay-whales-n_1673663.html.
8. Peter Fimrite, "Ships in Blue Whales' Feeding Grounds Pose Threat," San Francisco Chronicle, September 6, 2011, http://www.sfgate.com/outdoors/article/Ships-in-blue-whales-feeding-grounds-pose-threat2310930.php.
9. WWF, *Living Planet Report 2012*, 84, http://wwt.panda.org/about_our_earth/all_publications/living_planet_report/2012_lpr.
10. "Plastics and Chemicals They Absorb Pose a Double Threat to Marine Life," UC Davis News and Information, January15, 2012, http://news.ucdavis.edu/search/news_detail.lasso?id=10453.
11. "UNEP Studies Show Rising Mercury Emissions in Developing Countries," UNEP News Centre, January 9, 2013, http://www.unep.org/

newscentre/Default.aspx? DocumentID=2702&ArticlelD=9366.

12. Quirin Schiermeier, "Marine Dead Zones Set to Expand Rapidly," *Nature*, November 14, 2008, http://www.nature.com/news/2008/081114/full/news.2008.1230.html.
13. IUCN, *Executive Summary: The Ocean and Climate Change: Tools and Guidelines for Action*, http://cmbc.ucsd.edw/Research/publications/the%200cean%20and%20Climate%20Change_Executive%020Summary.pdf.
14. Global Partnership for Oceans, "Oceans: Our Living Resource" (infographic), http://www.globalpartnershipforoceans.org/oceans-our-living-resource-Intographic.
15. NOAA'S State of the Coast, "Coral Reef Biodiversity Benefits to Human Health," http://stateofthecoast.noaa.gov/coral/coral_humanhealth.html.
16. Oceanic Biomimicry: 13 Designs Inspired by the Sea, "WebEcoist, http://webecoist.momtastic.com/2010/12/17/oceanic-biomimicry-13-designs-inspired-by-the-sea
17. 潜在的应用有很多："由于射线的用途广泛和高机动性设计，基于这种设计的水下自主飞行器可能具有潜在的工业和军事应用，包括秘密监视，为科学家长期收集数据等。"参见 Shane Graber, "Ray-Inspired Underwater Robot Takes Flight at the University of Virginia," *Advanced Aquarist*, July 31. 2012, http://www.advancedaquarist.com/blog/ray-inspired-underwater-robot-takes-flight-at-the-university-of-virginia-video.
18. Skip Derra, "Researchers Find Photosynthesis Deep within Ocean," Arizona State University, June 25, 2005, http://www.asu.edu/feature/includes/summer05/readmorephotosyn. html.
19. Caribbean Tourism Organization, "Diving," http://www.onecaribbean.org/content/files/DivingCaribbeanNicheMarkets. pdf.
20. Florida Caribbean Cruise Association, "Cruise Industry Overview-2013,"

http://www.f-cca.com/downloads/2013-cruise-industry-overview.pdf.

21. A. M. Cisneros-Montemayor, U. R. Sumaila, K. Kaschner, and D. Pauly, "The Global Potential for Whale Watching" *Marine Policy* (2010), http://www.seaaroundus.org/researcher/dpauly/pdf/2010/journalarticles/GlobalPotentialForWhale Watching. pdf.
22. Nancy Knowlton, *Citizens of the Sea: Wondrous Creatures from the Census of Marine Life* (Washington, DC: National Geographic Society, 2010).
23. See Bruce H. Robison, "Conservation of Deep Pelagic Biodiversity," *Conservation Biology* 23, no. 4 (2009): 847-58.
24. Robison quoted in Monterey Bay Aquarium Research Institute, "Understanding Human Threats to the Earths Largest Habitat—the Deep Sea," press release, January 26, 2010, http://www.mbari.org/news/newsreleases/2010/deep-conservation/deep-conservation-release.html.

第二章
城市的延伸：城市生活方式与海洋环境的联系

城市生活对海洋环境的影响是多方面的。目前海洋状况堪忧，这与城市居民的行为方式、消费模式和资源利用都有着千丝万缕的联系，而这一点却恰恰是我们长期以来所忽视的。因此，将保护海洋环境纳入城市政策制定的考量因素之一，必须要充分考虑到这一点。尽管在一些人口密集的城市，人们开始有意识地采取措施节能减耗，例如步行代替开车，或选择较小的房子或公寓，但就减少对海洋环境的影响而言，城市还有很大的提升空间。

重新思考城市政策、改变消费者行为模式、发展可持续的城市环境，这需要我们重新审视城市对海洋的影响。虽然城市的陆地版图因素，比如人类社区、人口、城市，通常止于海岸线，但支撑城市生活的活动可延伸至海岸线千百英里以外，这会对海洋环境产生严重的负面影响。城市和海洋之间的这些联系可被看作是“人类对海洋的扩张”。蓝色城市主义鼓励城市规划者、决策者和城市居民研究现代城市的生活方式带给海洋的广泛影响，从而改变策略，减少对蓝色环境的破坏。

这些影响来源于垃圾和塑料的任意丢弃、能源燃料的生产和消费以及现代产品的交付系统，即商业航运和港口建设。本章重新思考了城市对海洋的污染、分析了过度攫取海洋资源等问题并提出了许多应对方案。政府需要制定相关政策，有效限制海洋资源开采，减少对海洋环境的污染。在开展国际贸易的同时，避免对海洋生物造成不必要的伤害，从而创造更加健康的海洋环境。除了政策改革外，蓝色城市主义也提倡企业和组织采用创新方式解决目前海洋所面临的问题。

海洋污染与城市垃圾

正如自然资源保护协会[a]（Natural Resources Defense Council）

a　自然资源保护协会（NRDC）成立于1970年，是一个独立的非营利性国际环境保护组织，旨在遏制全球变暖、推动清洁能源的未来、让海洋重现生机、防治污染、保护人类健康、拯救濒危野生动植物及其栖息地、确保安全足量的水资源、促进可持续性的社会文明活动建设。——译者注在其网站上所描述的那样："人类把海洋当作垃圾桶。"各种材料和垃圾废物源源不断流入海洋，例如城市排放的污水、丢弃的固体垃圾、道路和停车场的雨水……不一而足。

蓝色城市主义认为，城市有责任采取行动，阻止塑料和其他污染物流入海洋、破坏海洋环境。如前所述，所有海洋问题中最严峻的莫过于垃圾的流动和堆积，其中大部分是塑料垃圾。据估计，仅加利福尼亚州，每年消耗约 120 亿个塑料购物袋，这些塑料袋最终大都成为众多海洋垃圾中的一部分。

塑料购物袋会对海龟和其他海洋生物造成致命的威胁。目前很多城市，如旧金山，已经认识到这个问题，并出台了相关措施，禁止使用塑料购物袋。美国各地政府，如华盛顿和得克萨斯州奥斯汀市，也纷纷效仿。禁令一定程度上改变了消费者的行为模式，引导人们认识到问题的严重性，减少了塑料袋的使用，从而减少了最终流入海洋的塑料袋数量。

但是，如何处理已经在海洋中漂流了几十年的塑料袋和其他塑料垃圾呢？显然，这个问题为城市居民直接参与改善海洋环境提供了一个契机。例如，就城市垃圾问题的严重性开展主题教育活动、让居民参加一年一度的垃圾清理，这些都是具有积极意义的活动。25 年以来，海洋保护协会（Ocean Conservancy）每年都会组织大规模的国际海滩清理活动。2011 年，近 60 万人直接参加了清理工作，从各地海滩和海岸线收集了 900 多万磅的垃圾。

此外，还有许多社区在当地组织了规模较小的海滩清理活动。例如，总部设在加利福尼亚州圣克鲁斯的“保卫海岸线”（Save Our Shores, SOS）小分队每月都进行海滩（和河滩）清理。这些做法看似微不足道，却能够聚少成多，聚沙成塔。根据“保卫海岸线”的记录，仅在 2007 年他们就清理了超过 3.5 万个塑料购物袋和 34 万个烟头！

这些都是很有意义的做法，可以让城市居民参与进来，让他们直接投身海洋保护活动，从而建立城市居民与海岸海洋之间的纽带。但目前海洋问题异常严峻，这些努力只是杯水车薪。各个城市应该鼓励居民勇担责任，大胆创新，收集清理城市人口和陆地社区所产生的海洋垃圾。目前有一些大胆的想法，例如收集海洋垃圾，然后将其转化为燃料，为城市提供能源。

图 2-1　地中海东部，正在寻找海洋生物的海洋普查研究人员用拖网收集的垃圾。（图片来源：布里吉特 · 埃布）

北太平洋的漩涡地带有一个巨型垃圾场，裹挟着大量塑料和其他垃圾，其中大部分垃圾都来自城市。设想一下，如果有个一线的太平洋沿岸城市例如洛杉矶，率先制定计划，采用相关技术清理这个太平洋巨型垃圾场，那么其他的环太平洋城市，从东京到夏威夷，可能都需要共同承担这一责任。因为据估计，这里约有 1 亿吨海洋垃圾，规模巨大，覆盖范围惊人。

海洋塑料能否转变为城市能源？

如何解决这个问题，我们有很多的构想，有些想法看起来甚至有点异想天开，比如奇想建筑公司（WHIM Architecture）的设计者们曾设想利用这种塑料垃圾建造海洋岛屿供人类居住。

海洋垃圾中塑料垃圾数量巨大且增长迅速，若能寻求有效的利用方法，则前景广阔。如果我们能研发有效收集垃圾的技术，是否能够通过燃烧或其他方式将这些垃圾转化为电能，为城市供电？城市居民可以成为清理和回收这类海洋垃圾的重要参与者。也许在某些特殊情况下，人们可以利用这些垃圾替代其他燃料生产电能，为一部分城市的公交车或市政车辆供电。这一创新做法可以在清洁海洋环境的同时，帮助城市向利用可再生能源过渡，从而应对海洋环境面临的一系列严重威胁。

一些组织和机构已经开始开展相关合作，探索这一想法的可行性。2010 年 9 月，总部设在加利福尼亚州的非政府组织海星计划[a]（Project Kaisei）和卡万塔能源公司（Covanta Energy）宣布建立合作伙伴关系，共同清理回收海洋垃圾。在克林顿全球倡议（Clinton Global Initiative）的支持下，海星项目将收集太平洋垃圾，尝试采用其新研发的催化技术将这些垃圾转化为能源（一种矿物形式的柴油）。

海洋清洁计划（Clean Oceans Project）正在开展一项类似的倡议，将塑料垃圾转换为燃料。该组织致力于推广名为 Evoluscient Systems ™的系统，利用“混合热解”工艺，将塑料垃圾转化为轻质原油：“塑料材料经加热、液化、气化和分解，然后裂化成混合轻质原油。”[1] 许多公司和发明家目前正在设法从一望无垠的海洋收集塑料垃圾，这是一个异常艰巨的任务。关于如何收集处理这些海洋垃圾（或将其收集到可转化为其他能源的地方），目前已经产生了一些技术理念。城市可以而且也应该支持这些新的技术理念，对漂浮在大西洋和太平洋上的垃圾进行清理，这一过程可能并没有我们想象得那么困难。

其中一个有意思的想法是使用无人机，目前已经出现了几个

---

a　海星计划（Project Kaisei，*kaisei* 来自日语海星，意思是海洋星球）是一项研究和清理太平洋垃圾带的科学和商业航海计划，这一项目由海洋航行研究所（Ocean Voyages Institute）发起，这个研究所位于加利福尼亚，是根据 501(c) 条款成立的非盈利性组织，宗旨是海洋保护。——译者注

巧妙的设计。例如，海洋无人机，其外形看起来像一条张开嘴的鲸鲨。预计可以在水下长时间运行（最多可达两周），然后返回船上的基地，清空收集到的垃圾。

另一种海洋无人机更奇特，是一种“牵引塑料诱捕网的自动收集工具”。一圈浮漂环绕着捞网，以平衡其收集的垃圾的重量。无人机能发射干扰声波阻止鱼类和其他生物进入，并采用声纳技术与其他无人机及其基站联络。[2] 另一款类似的垃圾收集无人机是德国科学家拉尔夫·施奈德（Ralph Schneider）发明的，被称为浮动地平线，它看起来更像个“拖网机器人”。[3]

让人觉得有意思的是，服务于战争和军事用途的无人驾驶技术，竟然可以用于海洋环境的修复。我们若要将这些创意变为现实，需要花费几年的时间，同时也需要城市进行规划部署并提供相应的资金支持。向海洋倾倒垃圾，无论是无心之过还是有意为之，这已经成为一个严峻的全球性问题。发挥创造性思维可能是解决这类问题的唯一途径。

助力蓝色城市

人类燃烧化石燃料并将其作为主要能源，除了造成环境污染、原油泄漏、导致气候变化等影响外，对海洋和海洋环境也产生了巨大影响。气候变化和海水温度升高已经破坏了海洋生态系统和生物种群。在过去的一百年里，海水中汞的含量翻了一番，这在很大程度上是燃煤发电导致的。这也进一步证明，我们必须要实现向可再生能源过渡。

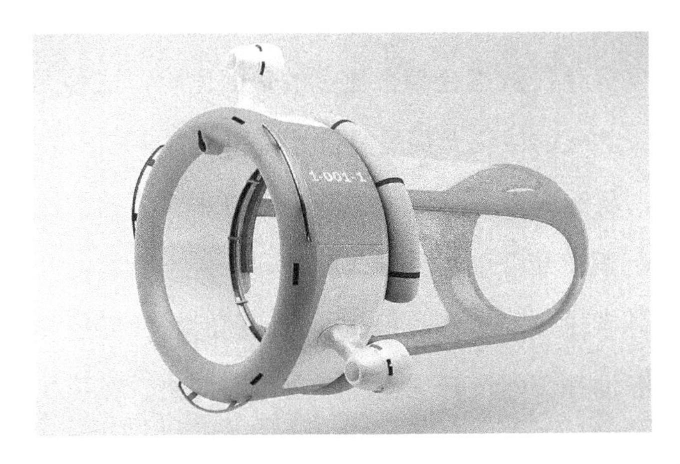

图 2-2　海军无人机（图片来源：埃利·阿霍维、阿德里安·勒费夫尔、菲洛梅娜·兰贝尔、昆汀·索雷尔和本杰明·勒莫尔）

英国石油漏油事故（Deepwater Horizon）[a] 已经表明，人类对石油的高度依赖，带来了严重的海洋环境问题，而加油站的油价定价中并未考虑到这些负面的外部因素。不论是出于何种考虑，

a　英国石油漏油事故是 2010 年 4 月 20 日发生的一起墨西哥湾外海油污外漏事件。起因是英国石油公司所属一个名为“深水地平线”（Deepwater Horizon）的外海钻油平台故障并爆炸，导致了此次漏油事故。爆炸同时导致了 11 名工作人员死亡及 17 人受伤。据估计每天平均有 12,000 到 100,000 桶原油漏到墨西哥湾，导致至少 2500 平方公里的海水被石油覆盖着。专家们担心此次漏油会导致一场环境灾难影响多种生物。此次漏油还影响了当地的渔业和旅游业。——译者注

城市，特别是美国城市，都需要摆脱对汽车和汽车所带来的便利性的依赖。尽管可再生能源无论在经济上还是技术上都取得了巨大进步，但世界上许多人仍然希望找到更多的石油，不论在何处，无论后果如何。可以预见，将来会有更多的原油泄漏事件发生，而温室气体排放也会带来更多的负面影响，这种无休止地开发石油和天然气的做法无疑是鼠目寸光的。

最近，从深海海床沉积物中开采甲烷水合物的想法已日趋成熟。这些沉积物储藏位置特殊，此外，甲烷水合物的开发利用也会加剧全球碳排放的问题，因此，与此同时，我们还要注意到传统的近海石油和天然气开采速度正在不断加快。在寻找近海石油和天然气时，会用到地震空气枪（据称，每次爆炸的声音比喷气发动机的轰鸣声大 10 万倍），而这仅仅是不惜一切代价开采海底石油的思维模式所带来的潜在负面影响之一。这一行为受到了诸如海洋环境保护组织（Oceana）[a] 的严厉谴责。据该组织估计，仅这项测试技术就可能威胁到大约 14 万头鲸鱼和海豚的生存。[4]

人类对于汽车的严重依赖也产生了高昂的健康成本、环境成本和经济成本。美国公共卫生协会（American Public Health Association）2010 年的一份报告试图量化汽车依赖型社会的健

a　Oceana 一词常常被解释为海洋环境保护组织。还没有以“国际海洋环保组织”命名的群体，但是国际上有很多以保护海洋为目的的组织，因此可以将这些组织统称为海洋环保组织，比如绿色和平组织等。——译者注

康成本，包括肥胖问题、空气污染以及交通事故等带来的间接影响。虽然这份报告并不全面，但我们依然可以看出这些主要的“隐性成本”高昂，令人咋舌。例如每年因污染产生的经济损失高达500亿至800亿美元，而交通事故带来的损失则高达1800亿美元。[5]事实上，还有很多成本并未包含在内，例如对海洋环境的影响。

政府通常会推行一系列城市政策，鼓励居民出行使用公共交通、骑自行车和步行，倡导节能减耗的生活方式，但却很少提及这些做法会给海洋环境带来哪些益处，尽管它们之间的关系紧密。这也是我们要利用城市人口密集的特点，减少人们对汽车依赖的另一个出发点。

当然，城市还可以采取许多其他方式减少能源消耗和化石燃料排放，维护健康的海洋环境。例如对建筑物采用更严格的能源标准，减少与城市照明有关的能源消耗。特别是在沿海地区，更应该减少外部照明，因为灯光会让海龟迷失方向，影响孵化。许多沿海城镇已经制定了限制照明的相关法规。在采取措施节约能源、减少能源消耗的同时，城市应寻求其他能源替代燃煤电力和其他“非清洁”能源。

城市运行和城市生活需要大量的能源供给，主要用于建筑、工业生产和高度依赖汽车的交通系统。此外，城市生活方式和经济发展在很大程度上仍然依赖碳密集型不可再生能源，这也对海洋（和陆地）生态系统造成了严重破坏。蓝色城市应从根本上改变这种能源消耗模式，寻找新的能源系统，发展更加可持续性、可更新的能源，保护海洋环境。对此我们需要统揽全局，采取有效措施。蓝色城市主义主张优先考虑减少能源使用，同时也积极支持开发对海洋环境友好的可再生能源。实际上，海洋本身就可以助推这种能源方式的转变，减少化石燃料的消耗。

海上风能

风能已经成为最重要的可再生能源，海上或沿海地区的风电场也越来越常见。许多沿海城市，如新西兰惠灵顿，已经用事实证明，风不仅能够产生大量能源，还能塑造沿海地区独特的山形地貌，同时也为沿海地区休闲娱乐提供了新的思路。惠灵顿西部风电场拥有 61 台风力发电机，每年的发电量可供 7 万多个新西兰家庭使用。电场风车林立，三条主干步行道点缀其间，为徒步旅行者和山地自行车爱好者提供了新的去处。[6]

与陆地风电场相比，近海风电场拥有许多独特的优势，例如风速更快。随着风能发电产业日渐成熟，风力发电机的规模也变得越来越大，同时也可置于更深的水域，远离海岸。丹麦东能源公司（DONG Energy）的舰队金沙项目（Gunfleet Sands）的实践表明，风车越大，生产的电能越多。该项目位于英国埃塞克斯海岸克拉克顿（Clacton on Sea），离岸 7 公里以上，48 台风力发电机预计能产生约 172 兆瓦（每台 3.6 兆瓦）的电力，可满足大约 12.5 万户家庭的用电需求。[7]

图 2-3　近海风力发电机（图片来源：安迪・比森）

2013 年 7 月，时任英国首相大卫・卡梅伦（David Cameron）启动了一个雄心勃勃的大型项目，即所谓的伦敦阵列（London Array）[a]。这是一座位于泰晤士河河口的海上风电场，完工后共有约 175 台风力发电机，产生的电能可供近 50 万户家庭使用，彰显了海洋风能的潜力。

a　伦敦阵列是以英荷壳牌石油集团为首的国际财团投资建立的一个风力发电项目，装机容量 630 兆瓦，2013 年 7 月 4 日，已在英国东南海岸开始运营。——译者注

正是像舰队金沙和伦敦阵列这样的项目带动了欧洲海上风电场的快速发展，风电场的数量与日俱增。截至2012年，10个欧洲国家共有55个海上风电场。其中英国独占鳌头，约建有20个海上风电场。

当然，人们对近海风电场并非完全没有异议，马萨诸塞州的海角风项目（Cape Wind）便颇受争议。当地居民认为该项目影响了海洋视觉空间，因此这一项目受到了很大的阻力。人们对陆地风电场也有类似的担忧，认为会影响视觉。实际上，只要精心选址就可以解决此类问题。

漂浮风力发电机或许是个解决方案。2013年夏天，缅因州海岸安装了一个漂浮风力发电机的原型，即一个高65英尺的装置。这是缅因大学（University of Maine）联合Deep-Cwind集团开展的一个项目，漂浮风电场离岸大约20英里，这解除了人们对近海风电场会影响视觉的担忧。[8]

为了寻求更快的风速，风电场选址将会离岸越来越远，未来我们很可能会采用漂浮风力电场。尽管风能的发展前景广阔，最近一份贸易杂志却认为："把风力发电机放在漂浮的结构上绝非易事。"[9]其中面临的一大挑战就是设计问题（例如如何设计一个能够有效应对海洋运动所产生的动态负载的浮动结构）。但无论如何，风能和以海洋为基础的其他可再生能源可为遭受传统渔业衰退影响的沿海社区创造更多的就业机会。研究表明，这些新的海洋能源技术可能带来数十亿美元的产值。

海洋可再生能源

人们逐渐将海洋和海洋环境视为新能源和清洁能源的来源。最近，某经济部门对海洋水动力（MHK）能源（即海浪、潮汐和洋流产生的能量）评估后得出结论，认为海洋的能源生产潜力巨大。美国能源部（Department of Energy，DOE）称，美国每年的电力消耗总量约为4000太瓦小时，而海洋水动力技术产生的“最大理论发电量”占该总量的一半以上。这表明该技术可以满足美国很大一部分的能源需求。

各个海岸的潜力并不相同，美国西海岸（特别是阿拉斯加）的海浪潜力最大，而东海岸的潮汐能则具有明显的优势。与风能、太阳能等其他可再生能源相比，潮汐能和波浪发电技术仍处于早期发展阶段，但这一技术正日趋成熟并逐步商业化。美国能源部一直在为这些新技术提供源源不断的资金支持。

目前，部分沿海地区和海洋水域已经开展了很多大型项目。例如，在离俄勒冈州海岸大约两英里半的地方，有一种新的发电浮标可以通过上下运动产生电能。开发这项技术的是海洋电力技术公司（Ocean Power Technologies，OPT），他们计划用第三代动能浮标建造一个“1.5兆瓦并网的波浪发电场”。[10] 每个浮标就是一个 150 千瓦的发电机，预计这些浮标产生的电力可供约 1000 个家庭使用。[11]

2012 年，海洋电力技术公司获得了美国联邦能源管理委员会（Federal Energy Regulatory Commission，FERC）的许可，开始大规模建造风电场。将来可能会涌现出更多类似的发电场。目前海洋电力技术公司已开始使用第四代动能浮标，可以产生更多的电能。许多捕捉波浪能的新技术也正在研发之中，例如哥伦比亚电力技术（Columbia Power Technologies）研发的西瑞技术（Searay），以及由海洋可再生能源公司（Ocean Renewable Power Company）开发，位于缅因州东港（Eastport）的蒂根项目（TidGen project），旨在捕捉潮汐能发电。

绿色电力公司（Verdant Power Inc.）正在开发和部署另一项前景广阔的能源技术，即利用潮汐和河流发电。他们自 2008 年开始实施罗斯福岛潮汐能（Roosevelt Island Tidal Energy，RITE）项目，2012 年 1 月获得美国联邦能源管理委员会的批准，这是该委员会批准的第一个潮汐能项目。该项目需要在长岛海峡和纽约港之间的东河地区安装水下涡轮机，计划到 2015 年共安装 30 台，预计将生产约 1050 千瓦的电力（可为 9500 个纽约家庭供电）。早期测试结果发现涡轮叶片不够耐用，所以绿色电力公司重新设计了叶片，提高其效率和耐用性。

此外，还可以采用很多其他方法利用海洋能源，比如利用大型海藻制造生物燃料。自古以来，人类就食用海藻，但近年来人们开始尝试从这种可再生海洋资源中可持续地提取生物燃料。挪威和爱尔兰已经开展相关试点项目，在曾经的渔场种植并收割海藻，探索这种做法的可能性。陆地的生物燃料存在明显的缺点，例如与粮食生产竞争资源（如制造乙醇）以及破坏生态环境（如生产棕榈油）。海藻生物燃料的拥趸者认为，海藻生物燃料不存在类似的局限性，相反还有助于海洋环境的修复。[12]

此外，新的小规模水力发电可用于沿海城市附近的小溪流和排水通道。一些新型小型水电项目利用阿基米德式螺旋抽水机发电，也很有创意。水进入抽水机的顶部，顺势而下，螺杆转动，带动发电机发电。这个方法巧妙地利用了平缓的垂直落差，通过合理设计，“安装”到沿海地区（阿基米德式螺旋抽水机的大小和长度可以量身定制，因地制宜）。英国的一些地方正在使用这种小型水力发电机，同时进行大规模测试，确保不会妨碍鱼类的正常活动。测试结果表明鱼类能够自由地在抽水机中穿行。[13]这种小规模水力发电应用前景广阔，甚至可以利用雨水和周期性的沿海洪水带动发电机。

一些沿海城市一直在利用海水为建筑物降温，例如斯德哥尔摩，这是另一项可再生能源战略。最近有个有趣的类似案例，欧洲网络运营商 Interxion 新建的数据中心从波罗的海引入海水，冷却服务器，减少使用化石燃料能源，每年大约能节省 100 万美元。[14]

蓝色城市主义认为，人类必须认识到城市，特别是沿海城市，在开发应用这些新能源技术方面可以发挥巨大的引领作用。

重新定位港口和航运

现代城市吞吐着大量原材料和货物，消耗大量产品。从这一点上讲，大量物品通过船只和集装箱船在海上运输，也体现了城市延伸的足迹。全球经济中，大约90%的商品运输依赖船舶，[15]尤其是集装箱船。目前大约有55000艘商船在海洋中航行，其中6000艘是大型集装箱船。海洋货物和船舶数量正在持续增长。[16]

2013年6月马士基（Maersk）第一艘3e级船只完工，此后，所造船只的规模不断增大。（以该公司的创始人）命名的麦克金尼莫勒号（Mc-Kinney Møller）是世界上规模最大的船，能够装载18000只20英尺的集装箱。[17]无论是哪个版本的全球航运路线，但凡看过的人都会惊叹于商业航运的范围之广。尽管这些航线之外还有很大的海洋区域，但全球地图上显示的航线网络，连接了全球的消费者和各大城市，给人们带来了巨大的视觉冲击。这与常见的陆上道路和公路交通网络并无二致。

目前的航运严重影响了海洋和沿海港口所在的周边社区。然而我们可以采用多种方法，在综合考虑海洋环境的同时，在地方港务局和其他城市机构的引领下开展航运和港口业务的变革。

图 2-4　新泽西州的伊丽莎白港码头，集装箱堆积如山。（图片来源：美国国家海洋和大气管理局，阿尔伯特·伯格上尉）

若要减少对海洋环境的影响，港口城市的海港可以采用很多方法，例如重新考量传统的港口运营方式、改变航运规范等。北大西洋露脊鲸就是受益于此的例子。目前，北大西洋露脊鲸的数量锐减，估计只剩 350 头，部分原因是航道干扰了它们的迁徙路线，导致它们撞上船只丧生。我们可以调整进出城市的航道，减少这类悲剧。2009 年，当时通往波士顿港的南北航道经过改道，或缩窄，这些事故就少了。（如第一章所述，最近旧金山也对航道进行了变更。）虽然更改航道、限制船只速度能有效降低鲸鱼的死亡率，但航运业和港口当局往往担心这种做法会对经济产生不同程度的影响，因而极力反对。

除了更改航道外，降低船速同样对海洋生物有益。美国国家海洋和大气管理局已经出台强制规定，要求在关键物种的饲养和生育繁殖区域实施季节性管理，对特定大小的船只实行限速。

商业船只的绿色转变

在蓝色城市的构想中，若要重新考虑城市间的大量物资流动，则需要对提供这些运输服务的船舶和航运业进行深度绿化，这对海洋大有裨益。航运的碳排放量巨大（目前占全球二氧化碳排放总量的3%至4%，预计到2020年将上升到6%[18]），航运业一直以来严重依赖化石燃料，造成了严重污染，这都表明对航运进行积极变革势在必行。

新一代集装箱船的燃油效率已经有了显著提高。马士基声称，麦克金尼莫勒号的改进，例如慢速设计、更高效的新发动机系统、余热回收系统等，将使每个集装箱的二氧化碳排放量减少50%。[19] 同时，这艘新船本身也被设计为可回收船只。[20]

提高船舶燃油效率是关键一环，但航运业还可采用其他方法来改善其对环境的影响，例如可以改变为远洋船舶提供动力的燃料，相关案例有很多。大多数船舶都使用大型柴油发动机，燃烧相对肮脏的“船用燃料”，导致二氧化氮和二氧化硫排放偏高。

美国海军和马士基船运公司（该公司拥有1300艘船只，是全世界最大的商业船队）合作，尝试使用单细胞藻类制造生物燃料与船用燃料混合使用，节省成本，同时减少空气污染物和温室气体排放。[21]

我们也许可以构想航运业的新蓝图，至少使部分航运业减少对化石燃料的依赖，更多地使用可再生能源。随着新技术的发展，风能和帆船动力也逐步应用于航运，尤其是3000—10000吨位的中型船只。安装风帆系统可大大提高燃油效率，目前市场上已有相关产品可供选择。总部位于德国汉堡的天帆公司（SkySails）历史较久，自2011年以来一直为船只生产风帆。这项技术主要涉及风力推进系统，由巨型风帆与拖曳线路组成，安装后可为船舶节省大量能源。

还有其他创新设计可减少船体摩擦，从而减少能源消耗。这里有个特别有趣的水蕨仿生案例，也可能对船体设计有所帮助。得益于其细小的根系系统，水蕨（Salvinia molsta）可以在根系和水之间形成一个"空气裙"。德国研究人员从中获得灵感，将这一原理应用在船舶上，通过一种"仿生涂层"创造类似的条件，这样船舶就可以在其周围的"空气层里滑行"。[22] 这样的船体设计可以减少10%的燃料消耗。[23]

约翰·吉根（John Geoghegan）在《纽约时报》上撰文道，人们正在考虑采用不同办法提高航运的能源效率。他写道："在降低成本、减少排放的众多技术方案中，风能是其中之一。这些技术还包括使用液态天然气取代船用燃料、简化船体设计、增加废气洗涤器、或仅仅是减缓船舶航行速度。”[24]

此外，最近风能船只风行的另一个典型案例是总部位于东京的“绿心”项目（Greenheart Project），该项目旨在推广由风能和太阳能驱动的小型帆船，为贫穷落后的小型港口城市服务。这类帆船原型已经完成，不久将投产并在全球航行中测试。与同一时期开发的巨型马士基麦克金尼莫勒号相比，这种小型船只代表着别样的海洋商业愿景。“绿心”船只带有桅杆，桅杆可以折叠，以便在桥下航行。它吃水较浅，可以停靠在传统大型船只无法停靠的地方（甚至是海滩上）。这些船只可作为训练船，同时也可供小型企业运载当地生产的货物所用。[25]

迈向绿色城市港口

众所周知，现代港口附近的空气质量糟糕，生活环境恶劣。港口周围的水源也受到了严重的污染。采用更清洁的燃料，减少船舶入港后的废气、废水排放，使用更节能、更环保的车辆来周转货物，在大型港口采取这些措施，可以改善当地居民的生活环境，同时减少对海洋的负面影响。

有时，政府会引领港口的绿化，例如洛杉矶和长滩；而有时则是航运业主导，五大湖和圣劳伦斯航道（St. Lawrence Seaway），就是这样的例子。最近，那里发起了名为绿色海运

（Green Marine）的合作倡议，以促进绿色港口的发展。根据这项倡议，港口自发进行升级，一旦达到绿色标准就能够获得认证，例如克利夫兰－凯霍加县港务局（Cleveland-Cuyahoga County Port Authority）就于2009年已获得了相关认证。蓝色城市的港口及其主管机构若能与相关产业进行合作，可以引导航运业进行大刀阔斧的改革，为改善全球海洋环境做出更大的贡献。

图2-5　新西兰皮克顿港（Picton）一角（图片来源：蒂姆·比特利）

加州长滩一直是绿色港口的先行者，该地政府率先提出绿色港口的设想和战略，并于2005年1月通过了一项全面绿色港口政策。[26] 这项政策包括五项指导原则和六项“方案基本要素”（见表2-1）。

表 2-1：长滩绿色港口政策

指导原则：

- 保护社区免受港口作业对环境的负面影响。
- 突显港口在环境保护和遵规守法方面的模范带头作用。
- 促进可持续性发展。
- 采用现有最新技术，避免或减少对环境的影响。
- 全员参与，加大教育宣传力度。

方案基本要素：

- 野生动物—保护、养护或恢复水生生态系统和海洋动物栖息地。
- 空气—减少港口活动造成的有害气体排放。
- 水—改善长滩港水质。
- 土壤/沉积物—清除、处理或改良受污染的土壤和沉积物，使之符合港口的发展需求，再次利用。
- 社区参与—与社区就港口运营和环境项目进行互动，开展宣传活动。
- 可持续性—整个港口的设计、建设、运营和行政管理采取可持续策略。

资料来源：http://www.polb.com/environment/green_port_policy.

减少空气污染

出台绿色港口政策后，长滩港还实施了一系列方案，包括减少停靠船只及转运车辆产生的空气污染物。据报道，通过实施清洁卡车计划（Clean Trucks Program），港口运输车辆排放的空气污染物已经减少了80%（截至2010年）。港口通过规章制度和经济激励措施等组合手段，实现减排目标。2010年，禁止未达到环保标准的卡车进入（即发动机早于2003年前的卡车）；2012年，港口采用了更为严苛的2007排放标准，禁止未达到该标准的卡车进入。[27]港口清洁卡车网站消息称："目前，在港口服役的11,000辆拖车几乎都是2007年以后的车型。"[28]

低硫燃料激励方案（Low Sulphur Fuel Incentive Program）则是对减少港口空气污染的做法进行经济奖励，在进出港口期间使用低污染发动机燃料的船舶经营者可以获得数百万美元的奖励。

该港口每年还斥资数百万美元，实施绿色旗帜激励计划(Green Flag Incentive Program)，向减缓进出港口的速度、减少燃料消耗和废气排放的船舶提供经济奖励。安装延时电力设备的船只在靠岸时可以提前关闭柴油发动机，即使用了所谓的"冷烫"系统，这样可以大大减少氮氧化合物、二氧化氮和颗粒污染物的排放。长滩港希望所有靠岸船只都能使用冷烫系统。

货物转运设备也可能产生空气污染物。因此，长滩港选择使用清洁燃料的设备，并加装污染控制催化装置，同时还对机车以及其他使用燃料的设备进行改造，以免造成空气污染。

城市港口还可通过其他方式支持蓝色城市进程。我和家人曾在西澳大利亚州的老港口城市弗里曼特尔（Fremantle）住过一段时间。尽管当地有捕鲸的传统，但那里的人们对当代的捕鲸行为深感愤慨。当时的弗里曼特尔市长彼得·塔利亚菲里（Peter Tagliaferri）甚至禁止日本捕鲸船进入这个繁忙的港口。尽管这一做法代表了激愤的民意，但在当时还是鲜见的。市长不仅在个人层面强烈反对捕鲸，还尽职尽责地反馈了众多选民的态度。事实上，尽管有着悠久的捕鲸历史，澳大利亚已经成为反对捕鲸、呼吁保护海洋的最强音之一。

近年来，弗里曼特尔采用了各种措施反对捕鲸。市长塔利亚菲里任职期间，曾致函日本某市长，呼吁他们支持新的捕鲸限令。2006 年，弗里曼特尔被指定为反捕鲸船只法利·莫厄特法利号（Farley Mowat）的“主港”（这是该港口历史上停靠的第二艘反捕鲸船只）。[29] 弗里曼特尔向我们证明，即使是一个有着悠久捕鲸历史的港口城市，也能够吹响保护海洋的号角。

休闲滨海码头

休闲游艇码头也可以助力可持续性发展。芝加哥市的公园区最近作为“世界上最节能环保码头”获得了国际游艇协会（International Superyacht Society ，ISS）颁发的法比安·库斯托蓝色奖（Fabien Cousteau Blue Award）。[30] 该市第 31 街港口于 2012 年 5 月竣工，6.3 万平方英尺的绿色屋顶、地热供暖系统、节水管道、本地植物均赋予了其独特的环保特色和可持续功能。

如果一个城市或港口也想走可持续性道路，践行蓝色城市主义，还有其他方法吗？一个港口如果认识到其对环境的不利影响，也可以作出承诺，并履行这些承诺，尽量减少或补偿对当地海洋生境的不利影响。

举个例子。美国长滩港一直积极支持沿海栖息地和海洋生境的恢复工作，斥资1100多万美元支持波沙奇卡（Bolsa Chica）湿地恢复项目；积极参与监测该地区濒临灭绝的物种，如夜鹭和游隼等。长滩港还与长滩水族馆合作，举办与该地区沿海栖息地相关的展览，开展教育宣传活动。

合理规划城市“对海洋的扩张”

很多城市都希望通过增加全球航运来刺激经济增长，或从风浪和洋流中寻求清洁能源，但我们需要仔细评估这些行为带来的空间影响。新英格兰水族馆的研究人员克劳斯（Kraus）和罗兰（Rolland）绘制了一张特殊的地图，该图结合陆地分水岭地图，描绘了人类在大西洋沿岸的活动对海洋的潜在影响。这幅图实际上描绘了这些地区船舶交通、捕捞作业和疏浚的繁忙景象。他们也认识到了这张地图的局限性，它没有充分说明这些陆地径流对海洋的严重污染。

克劳斯和罗兰将这些水上人类活动描述为一种城市的无序扩

张，主要影响之一是水下噪音。船舶机械噪声是一个尤其值得关注的问题。康奈尔大学鸟类学实验室生物声学研究项目研究员苏珊·帕克斯（Susan Parks）和克里斯托弗·克拉克（Christopher Clark）发表了一份关于两头露脊鲸有效交流距离的研究报告，报告指出，海洋声学烟雾导致其有效交流距离急剧下降。“如今两头鲸鱼可以互相倾听的机会已经减少到一百年前的10%”。[31] 新英格兰水族馆团队最近发表的一项研究也证实了水下船舶噪音给鲸鱼带来的压力。[32]

面对这样的现状，我们能做什么呢？蓝色城市主义针对这种海洋无序扩张又有什么策略呢？要回答这一问题，可能涉及很多方面，但目前我们可以采取的一种简单的解决方案是将这些对海洋的影响纳入规划，更系统地了解城市活动对海洋环境诸多的直接影响和间接影响。

另一重要做法是在绘制陆地地图时，应拓展到附近的海洋区域和海洋环境（这有助于扩展我们的精神地图），普及陆地上的事件和活动会对海洋产生影响这一理念，更重要的是让人们意识到土地和海洋之间有着错综复杂的密切联系。正如我的同事卡尔顿·雷（Carleton Ray）经常提醒我的那样，过去的地图到海岸线就戛然而止，海洋和水生世界被简单地涂成黑色或者灰色，而广阔的陆地部分细节详尽、线条纵横、色彩丰富，两者形成鲜明对比。这无形中传达了这样一个信息，即，人们无需考虑这些海洋环境，海洋也没有任何意义或价值，不值得规划者和城市学者关注。当然，这种想法是错误的，新的地图可以帮助人们改变这种印象。

因此，我们需要重新审视城市地图和边界，将城市周边的水环境纳入其中。一则便于更好地管理和保护，二则可以培育一种新的城市意识，让人们了解这些水域也是城市环境不可分割的一部分。

结论

城市和城市居民的消费习惯和行为模式在许多方面会对海洋和海洋环境产生负面影响，而化石燃料驱动下的大量能源消费则是罪魁祸首。蓝色城市主义倡议，城市需迅速果断地发挥引领作用，推动向可再生能源过渡的进程。

正如我们所看到的，海洋本身就代表着前景广阔的可再生新能源，城市可以带头支持、资助这些技术的研发和推广。同样无法忽视的是，城市产生的垃圾和其他污染物，例如塑料、污水、污泥等，大部分都流入了海洋。各个城市可以像旧金山那样，努力减少排入海洋的垃圾，提出新倡议，开发新技术来清理垃圾。蓝色城市主义包括个人和集体两个层面：就个人而言，城市居民可以减少能源消耗，支持可再生能源；就集体而言，城市可以颁布减少海洋垃圾的政策和条例，支持新能源技术的研发，例如开发波浪能和近海风能等。每天，都会有来自世界各地的商品和货物到达各个港口，城市离不开这些货物和商品的持续流动。但这庞大的航运无论是对港口城市本身还是对船舶经过的海洋，都造成了严重的污染。

注释：

1. The Clean Oceans Project, "Plastic to Fuel, http://thecleanoceansproject.com/?page_id=11.
2. Rebecca Boyle, "Plastic-Eating Underwater Drone Could Swallow the Great Pacific Garbage Patch, *Popular Science*, http://www.popsci.com/technology/article/2012-07/plastic-eating-underwater-drone-could-swallow-great-pacific-garbage-patch.
3. See Ralph Schneider "Marine Litter Harvesting Project," http://www.scribd.com/doc/84976224/Marine-Litter-Harvesting-project-Floating-Horizon.
4. "Report: Seismic Research on East Coast Could Harm 140,000 Whales and Dolphins" April 16, 2013, http://fuelfix.com/blog/2013/04/16/report-seismic-research-on-east-coast-could-harm-140000-whales-dolphins.
5. American Public Health Association, *The Hidden Health Costs of Transportation,* February 2010, http://www.apha.org/NR/rdonlyres/E71B4070-9B9D-4EE1-8F43-349D21414962/0/FINALHiddenHealthCostsShortNewBackCover.pdf. See also Peter Newman and Anna Matan, "Human-Mobility and Human Health," *Current Opinion in Environmental Sustainability* 4, no. 4(October 2012): 420-26.

6. See Meridian, "West Wind: Wind Farm, Wellington, New Zealand," http://www.meridianenergy.co.nz/about-uslgenerating-energy/wind.
7. See DONG Energy, "About Gunfleet Sands," http://www.dongenergy.com/Gunfleetsands/GunfleetSands/AboutGFS/Pages/default.aspx.
8. See DeepCwind Consortium, http://www.deepcwind.org.
9. Celine Rottier, "Floating Offshore Wind Energy: Possibility or Pipe-dream?" *The Energy Collective*, January25, 2013, http://theenergycolectivecom/celinerottier/176686/floating-offshore-wind-energy-possibility-or-pipedream.
10. See Ocean Power Technologies, "Mark 3PowerBuoy," http://www.oceanpowertechnologies.com/mark3.Html.
11. See Ocean Power Technologies, "Reedsport OPT Wave Park," http://www.oceanpowertechnologies.com/oregon.html.
12. Damian Carrington, "Seaweed Biofuels: A Green Alternative That Might Just Save the Planet," *Guardian*, July 1, 2013, http://m.guardiannews.com/environment/2013/jul/01/seaweed-biofuel-alternative-energy-kelp-scotland?CMP=twt_fd. See also Scottish Association of Marine Science (SAMS), "Macroalgae for Biofuels," http://www.sams.ac.uk/marine-bioenergy-scotland/macroalgae-for-biofuels.
13. "Small-Scale Hydro Delivers Local Benefits," *EGT Magazine*, January17, 2011, http://eandt.theiet.org/magazine/2011701/small-hydro.cfm.
14. Beth Buczynski, "Seawater Saves Swedish Data Center a Cool Million," Earth Techling, June 10, 2013, http://www.earthtechling.com2013/06/seawater-saves-swedish-data-center-a-cool-million.
15. Vision Project Inc. /James Castonguay, "International Shipping Globalization in Crisis," *Witness: An Online Journal*, http://www.visionproject.org/staging/images/img_magazine/pdfs/international_shipping.pdf.

16. International Chamber of Shipping, “Shipping and World Trade,” http://www.ics-shipping.org/shipping-facts/shipping-and-world-trade; See also the World Shipping Council, http://www.worldshipping.org.
17. For more details, see Maersk, Introducing the Triple-E,” http://www.worldslargestship.com/the-ship/#page/economy-of-scale.
18. John Vidal, “Maritime Countries Agree First Ever Shipping Emissions Regulation,” *Guardian*, July 18, 2011, http://www.guardian.co.uk/environment/2011/ju/18/maritime-countries-shipping-emissions-regulation.
19. “Compared to industry average on the Asia-Europe trade”, see Maersk, “The Ship: Environment,” http://www.worldslargestship.com/theship/page/environment/the-right-mix.
20. See Maersk, “A Recyclable Ship,” http://www.worldslargestship.com/the-ship/#page/environment/a-recyclable-ship. A brief video about the recycling design and the “cradle to cradle passport” prepared for the ship can also be found here.
21. John Vidal, “Cargo Boat and US Navy Ship Powered by Algal Oil in Marine Fuel Trials,” Guardian.com, January 13, 2012, http://m.guardiannews.com/environment/2012/jan/13/maersk-cargo-boat-algal-oil.
22. Universitat Bonn, “Bionic Coating Helps Ships to Economise on Fuel,” http://www3.uni-bonn.de/press-releases/bionic-coating-helps-ships-to-economise-on-fuel.
23. See also Melissa Mahony, “Bionic Cargo Ships: Riding Waves to Better Fuel Efficiency,” Smart Planet, May 6, 2010, http://www.smartplanet.com/blog/intelligent-energy/bionic-cargo-ships-riding-waves-to-better-fuel-efficiency.
24. John J. Geoghegan, “Designers Set Sail, Turning to Wind to Help Power Cargos Ships,” *New York Times*, August 27, 2012, http://www.nytimes.

com/2012/08/28/science/earth/cargo-ship-designers-turn-to-wind-to-cut-cost-and-emissions. html?_ r=O.

25. "The Greenheart Project," http://www.greenheartproject.org/en/project.html.
26. Port of Long Beach, "Green Port Policy," http://www.polb.com/environment/green_port_policy.
27. See Port of Long Beach, "Air Quality," http:/www.polb.com/environment/air/default. asp.
28. Port of Long Beach, "Clean Trucks," http://www.polb.com/environment/cleantrucks/default. asp.
29. Sea Shepherd, "Sea Shepherd Receives Honors from Western Australia," July 11, 2006, http:/www.seashepherd.org/news-and-media/2008/11/03/sea-shepherd-receives-honors-from-western-australia-799.
30. Chicago Park District, "31st St. Harbor Wins ISS Fabien Cousteau Blue Award," November 17, 2012, http://www.chicagoparkdistrict.com/31st-st-harbor-wins-iss-fabien-cousteau-blue-award.
31. Susan Parks and Christopher Clark, "Acoustic Communication Social Sounds and the Potential Impact of Noise," in Scott Kraus and Rosalind Rolland, eds., *The Urban Whale: North Atlantic Right Whales at the Crossroads* (Cambridge, MA: Harvard University Press, 2007), 310-32.
32. Rosalind M. Rolland et al., "Evidence That Ship Noise Increases Stress in Right Whales," *Proceedings of the Royal Society B*, February 8, 2012, http://rspb.royalsocietypublishing.org/content/early/2012/02/01/rspb.2011.2429.full.

第三章 满足城市居民日益增长的海产品需求

海洋资源丰富，自古以来，不断为人类提供鱼类等丰富的海产品。对大多数人而言，这种来自海洋的资源似乎是源源不断、取之不尽、用之不竭。然而，随着大规模工业捕捞的出现，特别是过去几十年里，尽管有证据表明过度捕捞已威胁到鱼类种群的长期生存能力，海产品的捕捞数量依然成倍增长。全球几乎所有地区的主要渔业产能均已达到最大负荷，都在走下坡路。

世界自然基金会（World Wildlife Fund）报告指出，自 1950 年以来，全球渔获增长了五倍（从 1950 年的 1900 万吨增加到 2005 年的 8700 万吨[1]），这并非源于鱼类数量的增加，很大程度上是由全球渔业规模和覆盖范围的不断扩大造成的。工业化拖网往往大如足球场，高至五层楼，网眼极细，此类捕捞方式对海洋环境具有极大的破坏性。总体而言，目前的渔获水平显然是不可持续的。然而，随着城镇人口的日益增长，对蛋白质的需求不断增加，意味着本已过度捕捞的渔业将面临着更大的压力。

城市若要在发展这一全球产业的同时促进海洋健康和长期可持续发展，其过程任重而道远，必须全面重新思考我们一直以来所秉持的对海洋渔业的态度。我认为，城市可以且必须采用更可持续的捕捞方式和渔业管理方法，其重点包括：

- （在所有适当级别，包括国家和区域）推行渔业管理体系的改革，强调长期可持续性。与此同时，制定城市政策，按照认证组织的建议和指导，开展宣传活动，提高居民觉悟，引导居民购买更可持续性的海产品。
- 沿海城市应优先补贴当地渔民，支持小规模渔业。这将有助于创造就业机会，让居民有更多机会了解当地鱼类物种，可能也更有助于增强人类与海洋的情感联系。
- 所有城市都可以培育新方法、新技术、扶持相关创业企业，采用闭合循环系统生产无污染、符合食品安全要求的鱼类（例如养耕共生或鱼菜共生养殖）。为消费者提供野生捕捞鱼类以及可持续农场养殖鱼类等不同选择，满足城市居民不同需求，减少破坏性强的工业捕捞，同时避免出现供应短缺问题。

- 在处理气候变化问题上，各个城市市长发挥了领导作用。与此相似，各城市应团结一致，在建立新的海洋保护区方面发挥引领作用，加强养护和监测，确保海洋生态系统的健康和渔业持续发展。

改革渔业管理方法，满足日益增长的消费需求

任何消费者，特别是美国沿海城市的消费者，都不应仅仅依靠大规模船队捕捞或从其他国家进口的水产品。即使是内陆城市的居民也可以通过制定创新政策，发挥创业精神，支持本地养殖，实现自给自足，这点我稍后会进一步解释。为减少对海洋环境的负面影响，购买本地鱼类、支持本地渔业是城市居民可以直接采用的积极举措。这与购买本地种植的蔬菜和牛肉一样，避免购买工业农业生产的食物，进而减少碳排放。

城市和大都会地区（以及各州政府）可以对捕捞鱼类的范围和方式加以限制。据纽约海鲜协会（New York Seafood Council）称，纽约（包括长岛）有渔船3500多艘，每年捕捞的鳍鱼和贝类近4000万磅。纽约居民如何支持这些本地渔民？如何充分利用当地丰富的渔获？规划者和其他地方官员是否能够认识到小规模捕捞作业是区域食物供应体系的重要组成部分，也是可持续性发展的潜在要素，应寻求方法支持他们的发展？

在许多较老的港口和水滨城市，海鲜上岸加工的空间逐渐让渡给城市的其他用途。城市可以通过调整土地使用计划和分区条例，优先考虑这些小规模渔业渔民的诉求，保护其作业区域。为了使这类捕捞作业生存下去，政府部门需要为当地较小的渔船提供维护适当、价格亲民的对接设施，这一点非常关键。

首个社区扶持渔业组织（community-supported fishery，CSF）始于 2008 年缅因州海岸。该框架结构与更常见的社区扶持农业组织（community-supported agriculture，CSA）相似。正如传统的社区扶持农业一样，参与者购买一定的“份额”，每周可以收到诸如虾或底层鱼（即生活在海底的物种）等海鲜。这样做的优势在于，满足人们需求的同时，也可以帮助人们了解渔获的捕捞过程，支持当地渔民，使渔民们更好地管理物种种群，保护海洋环境，提高行业透明度。这是全球化的海鲜行业难以实现的。随着城市海产品消费者开始进一步了解当地鱼类物种，他们在某种意义上将渔场视为自己的渔场，会更积极地参与渔场保护。

格洛斯特海滨

2011 年，我前往马萨诸塞州的格洛斯特，探索如何实现更可持续、注重当地渔业的未来城市愿景。这个小镇捕捞与航海历史悠久。当时，格洛斯特的捕捞业正陷入困境。他们将重点放在海洋资源管理上，重新定义捕捞业，改变生活方式，谋求复兴。来自当地的两个不同个体组织共同协作，希望通过创新的方式恢复这个传奇社区的捕捞业。

安吉拉·桑菲利波（Angela Sanfilippo）的祖先来自一个意大利渔民家庭，她是格洛斯特渔民妻子协会组织（the Gloucester Fishermen's Wives Association）的负责人。该组织成立于1969年，旨在大力扶持当地渔民，多年来为当地渔业提供诸多支持。他们强烈主张将专属经济区，即主权国家可以控制捕捞等活动的海岸线区域延长到200海里范围，支持建立海洋保护区，强烈反对开采近海石油和天然气。在这些问题上的立场充分彰显了当地渔民主导的海岸长期管理能力，这种能力往往是被人们所忽视的。

图3-1　马萨诸塞州格洛斯特码头上，从当地渔民那里选购的水产品。（图片来源：蒂姆·比特利）

桑菲利波领导的协会组织代表当地渔民采取的最具创新性的做法之一是通过建立社区扶持渔业组织，为当地渔民寻求新的市场——社区扶持渔业安角新鲜水产品市场（Cape Ann Fresh Catch CSF）。这里的社区扶持渔业运作得非常成功，是目前全国最大的社区扶持渔业，拥有 1000 多名股东。这个想法从一开始就广受欢迎，安吉拉非常开心，同时也表示很意外。大波士顿地区有多个下货点，包括剑桥、牙买加平原（Jamaica Plain）和芬威（Fenway）。

社区扶持渔业的一个显著优势是人们可以享用新鲜美味的海鲜。安角市场的海鲜并非冷冻储藏，而是装在冷藏箱中分发给股东。海鲜捕捞短短 8 小时后，股东们就可以收到新鲜的渔获。除了提供新鲜产品，安角新鲜水产品市场还致力于提高当地居民对本地鱼类品种的认识。从某种意义上而言，了解鱼类的多样性颇具挑战，除了鲑鱼、金枪鱼或剑鱼外，大多数美国人都不知道如何处理其他海洋捕捞鱼类，因此，对当地不同品种和不同口味的鱼类进行宣传也是社区扶持渔业的任务之一。

例如，社区扶持渔业提供的渔获份额中至少包括四种不同的比目鱼。此外，安吉拉解释道，虽然社区扶持渔业提供切片鱼服务（大约一半的用户会选择这样的产品），但这一处理方式会浪费约 60% 的鱼。社区扶持渔业建议人们进行全鱼烹饪，安吉拉认为这是更可持续的方式。她还组织烹饪展示，每年该组织都会举办一系列“海鲜烹饪大赛”，邀请当地厨师参加制作美味可口的海鲜菜品。

社区支持渔业这一想法实际上是由另一个组织提出，该组织总部也设在格洛斯特，即由绿色和平组织前干事尼亚兹·多里（Niaz Dorry）领导的西北大西洋海洋联盟（the Northwest Atlantic Marine Alliance，NAMA）。西北大西洋海洋联盟致力于西北大西洋海洋环境的养护，确保其可持续性，推广兼顾社区需求和生态系统保护的渔业管理模式。

尼亚兹认为，目前捕捞业的关键问题在于过度强调海产品的生产，而未能考虑其他基本价值要素，包括海洋资源的保护。她认为，我们必须对海洋生态系统有清晰的认识，才能对鱼类种群有更细致入微、更准确的理解，从而根据鱼类种群的不同情况和价值对渔船的大小和规模及捕捞技术进行管理。例如，较大的渔船并不适合在近岸环境中捕捞作业，在较深水域的作业效率更高。近海环境更加适合较小的船只，若能采取细分捕捞技术，为当地渔民及其社区提供经济价值和利益的同时，对沿海海洋生态系统造成的危害也会相对较小。

正如尼亚兹所解释的那样，必须根据渔业的生态边界和限制制定相应的管理计划。她说："首先，我们必须了解什么是生态系统，然后才能选择合适的捕捞方法。但现实恰恰相反，我们先造了船……形成了一定的捕捞能力，然后迫使海洋满足这种能力。"

大规模工业捕捞与工业征用农业用地一样，极具破坏性。两者有着惊人的相似：同样强调技术推广和大型机械化作业，强调“成本最低的渔业生产”（以最低的成本捕获尽可能多的水产品），无法充分理解或顾及其他价值目标，特别是那些旨在保持生态完整性的价值目标。

尼亚兹认为，一些国家的海洋政策也存在错误导向，例如，目前美国国家海洋和大气管理局（NOAA）正在努力拓展新的开放水域，允许海洋水产养殖活动。她和西北大西洋海洋联盟的同事一致认为，这种做法存在着巨大的生态风险，很可能会破坏环境。露天水产养殖会对海洋环境产生严重影响，必须立即喊停：化学品和抗生素的大量使用，造成了严重的污染负荷，养殖鱼类将疾病传染给野生物种，同时养殖鱼类也需要大量野生鱼类作为饲料。根据海洋保护协会最近的一份报告，露天水产养殖生产 1 磅的鱼产品需要 2 至 5 磅的野生鱼类，这种不可持续的养殖技术若继续推广，会对海洋产生严重影响。[2]

认证制度

然而，依靠小规模捕捞养活地球上 70 亿的人口无疑是杯水车薪，小规模捕捞只能作为解决方案的一部分。如何使城市消费者对海鲜做出更细分的选择，也是一大挑战；如能付诸实践，这也会形成一股巨大的经济变革力量。实现这一改变的方式有很多，比如给海产品贴标签，人们就可以很快辨识出可持续性产品和不可持续性产品，可以让消费者“用他们的钱包投票决定”。同时，也可以建立认证制度，从城市水族馆到海洋管理委员会，这些机构和组织可为可持续渔获提供第三方认证和标识。海洋捕捞涉及到一个庞大的产业链，但在这一过程中引入监督机制有助于改变不可持续的做法。

一般而言，对海产品的可持续性评估有两种方法：一是按照渔获方式，即，到底是采用工业拖网捕捞还是小规模捕捞；二是根据渔业状况，即通过科学手段论证是否存在过度捕捞，或对水产养殖的产品而言，可持续性评估主要侧重于鱼类养殖的方式。蒙特雷湾水族馆（Monterey Bay Aquarium）的做法引起了世人的关注，多年来，该机构的海鲜观察计划（Seafood Watch）通过制作便携式海鲜指南（以及最近开发的智能手机应用程序），引导消费者改变选择，这有效提高了人们对渔业枯竭状况和危害环境的鱼类养殖或捕捞方式的认识。从俄勒冈州波特兰（Portland, Oregon）的新四季超市连锁店（New Seasons Market）到全国连锁店全食超市（Whole Foods），越来越多食品店根据海鲜观察计划和其他评级计划的建议，采用不同颜色的标签标识海鲜产品。

世界各地的城市居民也越来越愿意尝试通过改变食品的选择发挥一定程度的积极影响。最近，我到访荷兰，有机会品尝了在当地阿尔伯特· 海因斯（Albert Heins，一家全国性的食品连锁店）

购买的熏鱼。这种真空包装的鱼被贴上了“可持续鱼类”（丹麦语 Durzaam vis）的标签，由海洋管理委员会（MSC）认证为可持续渔业产品，这是人们最信赖的权威可持续渔业生态标签。为了获得海洋管理委员会的认证，渔业公司必须接受第三方评估人员的评估，所生产的产品必须符合该组织严格的“可持续捕捞原则和标准”，最重要的是，该渔业公司必须避免过度捕捞，遏制渔业资源的衰退趋势。[3]这一生态标签方案虽然不是应对全球渔业压力的灵丹妙药，但不失为一个利用市场价值和经济奖励，鼓励可持续性渔业作业的积极尝试。截至 2013 年，全世界已有 200 家渔业公司获得海洋管理委员会认证，占全球用于人类直接消费海产品供应量的 8%（如果将正在接受全面评估的渔业公司计算在内的话，则占比 11%）。[4]

图 3-2 蒙特利湾水族馆开发了几款应用程序，消费者可以了解如何选择可持续海鲜，海鲜观察应用程序广受欢迎。（图片来源：蒙特利湾水族馆，兰迪・怀尔德）

最近，麦当劳案例充分说明海洋管理委员会渔业认证已经成为主流，并可广泛用于商业化运作。2013 年初，麦当劳宣布，在美国和欧洲 21000 家麦当劳餐厅出售的所有鱼类均来自经海洋管理委员会认证的阿拉斯加鳕鱼。[5]这有助于引导市场需求转向更可持续的渔业和捕捞方式，有助于人们进一步了解渔业管理现状和全世界渔业所面临的困境。《洛杉矶时报》援引麦当劳可持续发展部门负责人苏珊·福尔塞尔（Susan Forsell）的话，认为这将有助于教育大众，激发人们有关鱼类和渔业的新讨论："这对我们来说是令人兴奋的……"她说，"这不仅证明了麦当劳所有鱼类三明治都来自管理最好的美国渔业企业之一，同时也让麦当劳 79 万名美国员工了解这家快餐连锁店为采用可持续性产品所做出的努力。"[6]下一步我们要继续努力，将这一做法拓展至全世界所有麦当劳餐厅，约 3.4 万家门店（据统计，这些门店每天接待约 6900 万名顾客）。

除了海鱼，我们还有其他选择吗?

城市居民必须开始认识到，我们不能仅仅依赖于逐渐减少的野生鱼类种群，而应进一步培育其他水产养殖体系，这也许才是更有效、更系统的解决方案。这一方案并不一定意味着鱼类消费量的减少，而是鼓励居民购买更多可持续养殖的淡水鱼类。采取更灵活的分区方式，通过减税和其他奖励措施为企业提供支持，城市可以在发展经济的同时，为其居民提供本地优质蛋白质新来源。因此，城市闭环水产养殖系统大有可为，一些生产“城市鱼类”的公司已做得风生水起。

我曾有机会在威斯康星州麦迪逊（Madison，Wisconsin）参观过其中一项新兴水培项目——“淡水有机物”（Sweet Water Organics）。其灵感来自威尔·艾伦（Will Allen）及其领导的组织“生长力”（Growing Power），该组织在城市中创办小型创新型企业，生产价格亲民的健康食物。“生长力”建造食物温室生产系统，提供营养丰富的水源，连接到一系列圆形鱼缸。艾伦的创新型生产系统主要依赖于不断生长的蠕虫，这些蠕虫以当地餐馆提供的食物残渣为食，是鱼类的食物来源，这样形成了真正的自循环系统。

在密尔沃基市（Milwaukee）的财政扶持下，“淡水有机物”项目试图推广这种水培方法。他们接管了一家废旧工厂，在工厂里装满了垂直种植床和鱼缸。该项目养殖的是鲈鱼和罗非鱼，鲈鱼是当地最受欢迎的鱼类，也是自然渔业崩溃前餐馆炸鱼的主要来源。而罗非鱼是一种能够在鱼缸中茁壮生长的物种，因此采用这种方式养殖是行之有效的。

“淡水有机物”一直是城市水培的先驱，他们的做法也证明了通过循环方式在城市中进行水产养殖是完全可行的。然而，这种做法也存在一定的争议，如政府对此进行投资，但却并没有带来大量的就业机会，促进经济增长。这在一定程度上是因为该项目采用了前沿技术，这似乎是一门艺术，也是一门科学。例如，该系统的鱼缸中可以容纳多少鲈鱼，这个问题一直是需要通过实验，不断调整的。在很大程度上，该生长系统依赖于用节能灯为植物提供不间断的照明（照明时长可能比最初预期的要多得多），这也是个令人担忧的问题。我们希望能够作出改进，解决这一问题。

图 3-3　在威斯康星州密尔沃基，“淡水有机物”在闭环系统中饲养罗非鱼和鲈鱼。(图片来源：蒂姆·比特利)

另一个特别成功的案例，是在一个所谓的植物工厂，其前身是一个肉类加工厂，坐落在芝加哥“后院公园”附近。该加工厂被改造为城市食品生产基地和新型食品企业的孵化器（例如一个商用厨房）。除了垂直农场和水培经营，该厂还包括几个面包店，一个啤酒厂，一个蘑菇生产基地和一个茶叶公司。整个操作过程都在室内进行，设计采用了新陈代谢循环模式，即啤酒厂的废粮作为饲料养鱼，鱼类排泄物作为肥料滋养植物，从而实现资源“零浪费”。

最有创意的想法是试图通过再生方式生产植物生长所需的电力和能量。据报道，该工厂正在探索建造厌氧消化池，从食品废料中提取甲烷，从而产生燃料为建筑供电加热。

改变城市法规，允许并积极鼓励这类城市中的鱼类养殖，是蓝色城市主义议程的关键所在。和许多美国城市一样，芝加哥最近对其区块划分和发展规划进行了重大调整，鼓励发展城市农业。2012 年 9 月，“植物工厂”成为该市第一个获得城市许可证的室内农场。像“植物工厂”和“淡水有机物”这样的企业正处于城市食品生产和鱼类养殖新时代的前沿。这些体系要达到商业水平并足以养活城市中数百万人的生产规模，可能需要数年时间，但其发展潜力是不容忽视的，这也是正确的发展方向。美国城市，特别是那些工业衰退的铁锈地带（Rustbelt）[a]，有着广阔的空间和许多闲置的建筑物，可以成为室内农场的舞台。这些新型企业让密尔沃基和芝加哥等城市的居民重新燃起对鲈鱼等鱼类的热爱，而这些鱼类也是这些地方发展历史中不可分割的一部分。

---

a　铁锈地带（Rustbelt）最初指的是美国东北部及五大湖沿岸，传统工业衰退的地区，现可泛指工业衰退的地区。——译者注

图 3-4　水族馆花园，伊利诺伊州芝加哥植物工厂的一部分。
（图片来源：非营利机构芝加哥植物工厂）

采用创造性的方法，内陆农场传统的鱼塘也可生产大量水产品，为城市居民提供优质美味的鱼类。弗吉尼亚州的夏洛茨维尔（Charlottesville）并不是一个典型的沿海城市，弗吉尼亚大学的两名研究生在这里自主创业，开展社区扶持渔业，与弗吉尼亚州中部的渔民合作，从他们那里采购水产品。虽然这一事业利润微薄（当然，获利也并非他们的首要动因），社区扶持渔业让内陆城镇居民能够从本地渔民那里购买到非常新鲜的鳟鱼、鲶鱼和虾。

解决全球渔业危机需要我们重新思考目前的野生渔获捕捞方法，并进行适当调整，同时将部分消费需求转移到水培及城市水产养殖的其他生产方式上去。但与此同时，我们也需要致力于野生鱼类种群的恢复，支持扩大全球海洋保护区网络的建设，在海洋保护区内实行禁渔限渔，这些措施将有助于鱼类种群的补充。海洋保护区的科学价值和生物保护价值是不言而喻的，城市和城市居民必须发挥集体影响力，建立新的保护区，确保现有保护区严格执行捕捞限制措施。[7]即使增设面积较小的保护区，对鱼类种群的恢复也具有相当大的价值。[8]

在某些情况下，城市有能力在其管辖范围内直接设立新的海洋保护区。一些沿海城市和地区，如中国香港和新加坡，已经这样做了。中国香港已建立了四个海洋公园和一个海洋保护区，即禁止捕捞的鹤咀海岸保护区(Cape D'Aguilar Marine Reserve)[a]。这些城市虽然建立了重要的保护区，但这只占城市面积很小的一部分（1% 甚至更少)，世界自然基金会新加坡分会等环境保护组织认为，为了更好地保护鱼类种群，有可能需要进一步扩大保护区的范围。[9]

而在其他地方，有些城市可能需要与国家、州政府或省政府合作，建立海洋保护区，但即使没有上级政府的直接授权，城市的领导作用也至关重要。例如，檀香山市政府在支持夏威夷建立海洋生物保护区方面发挥了重要作用，这些保护区被列为“禁止捕捞”区。事实上，该市的第一个海洋生物保护区，檀香山市/

---

a 鹤咀海岸保护区（划定于 1996 年 7 月 1 日)，是一个位于中国香港港岛南部石澳半岛南端鹤咀的海岸保护区，所占海域面积约 20 公顷。该海岸保护区是香港的唯一一个海岸保护区。保护区由渔农自然护理署管理，并由岸上的香港大学太古海洋科学研究所协助管理。——译者注

县哈奴玛湾公园（Honolulu City/County Park of Hanauma Bay），已经成为当地人和外地游客参观的热门景点。包括附近的威基基海滩（Waikiki）和钻石头（Diamondhead）在内的另外两个地区已由国家指定为保护区，但名义上仍然是城市公园。[10]

在南非开普敦，桌山国家公园（Table Mountain National Park）[a] 设立了重要的禁捕区。该公园毗邻开普敦市区，涵盖了重要的海洋区域和陆地系统。这些海洋保护区虽然被指定为“国家”公园，但却是本地生物多样性甚至是该区域生物多样性的重要组成部分，其所在城市和市政府应不断扩大其覆盖面，确保严格执行相关捕捞限制。

在许多地方，建立海洋保护区和禁渔区主要（或专门）隶属于州和联邦政府的职责范围。然而，城市和城市居民可以积极支持这些保护区的建立，配合执行相关法令。加州新的海洋保护区包括靠近洛杉矶海岸附近的几个大型禁捕区。这些禁捕区可以也应该被洛杉矶人视为城市的延伸，是恢复和补充当地渔业的重要组成部分。一些组织，如洛杉矶护水者联盟，正在帮助巡逻监测

---

a 桌山国家公园地处南非三大首都之一的开普敦，因有一座临海的山峰顶如桌面而得名，已经成为海角之城开普敦的地标性景观。这座山峰一直从南端的开普角向北延伸构成桌形山脉，其间分布着美丽的海湾、峡谷和海滩。其中桌山对面的海湾因为有着天然良港，连接着桌山因而得名为桌湾。桌山就像是一位端坐在大西洋边的历史老人，他那 1087 米的身姿是南非近四百年现代史最有权威的见证者。最佳旅游时间：每年夏季 10 月到翌年 3 月。——译者注

这些新的保护区，通过法律、宣传和教育等手段，使海洋保护受到更广泛的关注和支持。

即使是内陆地区和内陆城市也可以成为新建保护区的积极支持力量。例如，哥斯达黎加（Costa Rica）圣何塞（San Jose）最近采取了一项积极举措，在距其海岸线几百英里的科科斯岛（Cocos Island）附近新建海山海洋管理区。这一新的海洋保护区严格执行禁止捕捞规定，并将在一定程度上限制金枪鱼等具有商业价值鱼类的捕捞。内陆圣何塞的城市居民可能认为加大海洋保护措施的力度似乎与他们的城市生活和消费模式并没有什么直接联系，但事实上两者是密切相关的，这也是蓝色城市主义试图推行更可持续的渔业管理方法的关键一步。

鱼类的终结?

目前的渔业状况是否堪忧，在一定程度上取决于人们所参照的学科或专业。渔业生物学的一些学者正在进行积极探讨，他们乐观地认为，随着《马格努森·史蒂文斯渔业保护管理法》（Magnuson-Stevens Fisheries Management Act）的进一步完善（该法通过全国八个地区渔业管理委员会规定了捕捞限额），美国的许多鱼类种群会逐步恢复；而许多海洋生态方面的专家则认为全球渔业和海洋环境普遍处于每况愈下的状态。由于工业渔业的增长（包括大型拖网渔船船队搜刮海底）、城市人口对海产品的需求日益增加、全球渔业管理系统不足和管理法规执行不力，以及海洋变暖和酸化所带来的环境压力，有些人估计，到21世纪中叶“鱼类将走向终结”。从近一二十年的情况来看，这一预测似乎合情合理。我们在短期内还有许多事情要做，包括继续扩大全球海洋保护区网络，进一步强化国际限捕制度和严格执行相关法规，将市场需求（和公共补贴）转向权威机构（例如海洋管理委员会）认证的可持续渔业。

是否有可能对本地渔业社区进行大规模的更新换代？西北大西洋海洋联盟的尼亚兹·多里指出，许多传统的渔村正在逐步丧失支持当地渔民所需的基础设施条件。码头空间已被改造成海滨住宅、餐馆，或改作他用，因此小规模渔业的渔民经常缺乏水产品加工能力。为了解决这一问题，尼亚兹·多里设想有没有可能建立与陆地家禽和农产品流动加工单位类似的鱼类流动加工厂。

我问尼亚兹，像波士顿这样的大都市地区未来是否可能会从附近的渔业和渔业社区（如格洛斯特）购买大量或大部分海鲜。她乐观地回答说：“我可以想象那天一定会到来。但这需要一些时间。”我期待着未来的城市居民可以了解美洲黄盖鲽（yellowtail flounder）和黑脊比目鱼（blackback flounder）的生态学特征差异，了解这两种鱼不同的烹饪方法，同时也因城市周围海洋物种丰富，生态环境良好，拥有数千年历史的物种而感到庆幸。

结论

海洋为城市居民提供了丰富的食物来源。然而，目前的趋势表明，大多数工业渔业的捕捞能力正在下降。鉴于工业鱼类捕捞对生态的严重负面影响，城市居民有必要深刻反思如何发挥作用，改变海洋捕捞方式。城市可以率先建立一个全新的体系，着眼于维护长期海洋健康，确保其可持续发展。 当然，我们也可以看到一些积极的趋势：例如人们正在逐步改变消费习惯，越来越支持可持续渔业管理，同时也涌现了很多新的想法，如社区扶持渔业。这些新型渔业可以重新采用规模较小、破坏性较小的捕捞方式，重新构建城市居民与近海之间的联系，培养居民与本地渔业、本地渔民的直接联系。我们是否能够“吃出一条出路”，摆脱不可持续的困境，尚未可知。有些人也在质疑仅仅通过改变捕捞方式，支持可持续认证渔业的措施是否能够改变现状。

正如我们从芝加哥和密尔沃基等城市的例子中所看到的那样，城市必须发掘新的本地鱼类和海鲜来源，尝试前景广阔的闭环水产养殖系统。值得庆幸的是，这一做法恰好与全国各地对本地水产品与日俱增的需求相契合，蓝色城市可以支持此类技术，扶持相关企业的发展，转移海洋渔业和海洋生态系统的部分压力。

注释：

1. “Oceans: Source of Food, Energy and Materials,” WWF Living Planet Report, 2012.
2. Ocean Conservancy, “Right from the Start: Open-Ocean Aquaculture in the United States,” http://www.oceanconservancy.org/our-work/aquaculturelright-from-the-start. pdf.
3. See Marine Stewardship Council. “MSC Principles and Criteria for Sustainable Fishing,” http://www.msc.org/documents/email/msc-principles-criteria.
4. Marine Stewardship Council, “MSC in Numbers,” http://www.mscorg/business-support/key-facts-about-msc.
5. Kenneth R. Weiss, “McDonald’s Fast-Food Fish Gets Eco-label as Sustainable,” *Los Angeles Times*, January 24, 2013, http://articles.latimes.com/2013Jan/24/science/la-sci-sn-mcdonalds-fastfood-fish-gets-ecolabel-as-sustainable-20130124.
6. Weiss, “McDonald’s Fast-Food Fish Gets Eco-label as Sustainable.”
7. See Aburto-Oropeza et al., “Large Recovery of Fish Biomass in a No-Take Marine Reserve,” *PLoS ONE 6*, no.8 (2011), http://www.plosone.org/article/info: doi/10.1371/journal pone. 0023601.
8. L. Pichegruet al, “Marine No-Take Zone Rapidly Benefits Endangered Penguin,” *Biology Letters* (2010), http://rsbl.royalsocietypublishing.org/content/6/4/498.
9. WWF, “Marine Protected Areas,” http://www.wwf.orghk/en/whatwedo/conservation/marine/protectedareas.
10. Hawaii Division of Aquatic Resources, “Marine Life Conservation Districts,” http://hawaii.gov/dinr/dar/mlCdhanauma.html.

第四章
蓝色星球之城市设计

成熟合理的城市设计将陆地和海洋连接起来，将海洋作为城市环境的有机组成部分，让居民更接近海洋。除了创造一种特殊的情感共鸣，注重生态的设计规划可防止有害污染物流入海洋，保护海洋环境，尽量减少城市对海洋的负面影响。

针对海平面上升的问题，沿海城市已开始进行长期规划。沿海地区负责任的发展规划必须考虑每个项目如何使社区适应气候变化。如果这种规划理念已经成为主流，可能本书就没有存在的必要了。但现在，我必须强调世界各地都应该不断创新，城市设计规划应尊崇蓝色城市主义伦理。现在是时候重新单独或综合考虑城市建筑和沿海建筑的设计、结构和功能，甚至一些海下环境的构建也可以纳入考量。

作为一个新兴的蓝色城市，多伦多最近的海滨开发突显了两大特色：一是设计尽量临水（这里的临水指的是临近安大略湖），二是着重恢复近岸水生社区。在荷兰著名景观设计师高依策（Adriaan Geuze）创建的West 8城市规划与景观设计事务所指导下，多伦多海滨计划试图大胆革新公共通道的建造方式。其中，最引人注目的是一系列“波浪栈道”（Wavedecks）。长廊与桥梁错落相间，起伏的形状创造了趣味横生的公共空间，居民们甚至可以在海面漫步。高依策是这样描述波浪栈道的：“波浪栈道让人眼前一亮，皇后码头（Queen's Quay）深情款款地亲吻着海面。”[1]

高依策经常谈到“亲水”，这生动形象地描述了沿海城市建筑（及其居民）与周围水体的联系。不仅是水面之上，如果有机会的话，滨海设计也应延伸到水面以下。波浪栈道使公共空间得以延伸，水下生态系统也逐渐恢复活力。河石浅滩人工鱼礁和堤坝的建设，增加了鱼类栖息和觅食的场所，创造了近7000平方英尺的鱼类栖息地。滨水多伦多和水生生境多伦多两个机构共同合作，与其他开发项目一起完成了“水生环境改善工程”，并荣获公共部门颁发的质量奖章。[2]

重建滨水区

许多其他沿海城市也在寻求城市新的发展和重建，建立与海洋的联系，加强应对气候变化的能力。纽约市正在努力成为先行者，在物理上和视觉上重建人类与海洋的联系。前市长迈克尔·布隆伯格（Michael Bloomberg）希望“纽约市能重获世界一流海滨城市的称号”。[3] 曼哈顿的蓝色愿景也令人印象深刻。其全面计划（或称 2020 年愿景）于 2011 年 3 月发布，与此同时还公布了详细的城市改革方案——海滨行动计划，提出了明确的改革路线图。[4] 新建的海滨公园，如哈德逊河公园（Hudson River Park）和布鲁克林大桥公园（Brooklyn Bridge Park），加强了城市的边缘建设，同时为上升水域提供了缓冲区。此外，还创造了颇具创意的分区工具，实施了新的滨水区分区条例，确保私人空间与公共海滨空间互为补充。[5]

图 4-1　加拿大多伦多的“波浪栈道”，加强游客与海滨的互动。
（图片来源：迈尔斯）

纽约港滨水区方案的一个关键部分是绿道。在河面上修建步行道和自行车道，展示陆地和水生世界之间的联系。同时还设计了一条水道，为独木舟和小划艇提供了大约 40 个陆地 - 水域连接点。纽约港海岸线的这些点连接了 160 平方英里的水域，充分利用自然景观，产生了巨大的休闲娱乐价值。城市划船、划艇文化已初具雏形，得到了“漂浮苹果”等当地非营利组织的支持，开设船舶建造课程，提供划船培训。

海岸线和滨水区都有一个新的共同点，即人们认识到近水环境可以带来巨大益处和价值，如游泳、划船、观赏鸟类、亲近自然等，这些活动都具有积极的意义。但由于气候变化和海平面的上升，我们也越来越需要重新考虑这些水陆交界区域。这些价值相辅相成，相得益彰。在像纽约这样的城市开放海岸线，提供新连接点的同时，也可以创造更柔软，更具活力的海岸线，更有效地应对潮汐、周期性洪水和海平面上升等长期困扰人类的问题。

从纽约穿越大西洋来到荷兰，这里的很多城市也发生了翻天覆地的变化，尤其是鹿特丹，该市设定了 2025 年“气候防护”目标。鹿特丹自 2008 年开始制定了一系列气候变化的应对战略，并于最近设立了可持续发展和气候变化综合部门，强调针对气候变化所带来的不可避免的影响进行城市规划的重要性。

阿诺德·莫莱纳尔（Arnoud Molenaar）是该市气候防护计

划的负责人。2012 年 7 月的一天，我在他的办公室对他进行了采访。他提到的最有趣的想法之一是水广场的概念，即重新设计公共空间和公共广场，让其具有在暴雨季节收集雨水、储存雨水的功能。正如莫莱纳尔所指出的那样，水广场反映了城市多功能设计的关键所在，城市设计的理念在于拥抱雨水，发挥雨水在城市中的妙用，而不是采用常规工程的方式来处理雨水。天气干燥时，广场化身为充满活力的社区公园，为社区居民聚会提供广阔空间。而在大范围降雨期间，广场设计可以发挥其蓄水功能，保持和调节雨水流动，发挥临时蓄水功能。在雨季，传统做法是简单地将雨水引入地下排水管道，保护人们免受大规模降雨的影响。与传统的做法相反，新的设计鼓励人们享受雨水。

目前尚不知该市需要建造多少水广场以应对气候变化，但第一个正在建设中，将来还会有更多此类项目。

尽管像鹿特丹这样的沿海城市面临着严峻的挑战，莫莱纳尔仍然非常乐观。他和其他同事都认为，气候变化和海平面上升为加强城市社会属性和提升经济活力提供了契机。莫莱纳尔告诉我，气候防治计划的一个关键理念是“不留遗憾”，即所采取的措施应旨在提升城市魅力，提高城市居民的生活质量。

鹿特丹的设计在许多方面更具弹性，能够灵活应对气候变化和极端天气事件。然而，之所以如此，是因为鹿特丹身处的国家发展空间有限，这个城市必须重点发展商业前景广阔、具备盈利能力的港口。尽管鹿特丹这座发达的城市计划将部分地区退陆还海，但在马斯夫拉克特（Maasvlakte）港[a]项目中，仍然大肆兴建其港口设施，特别是最近的马斯夫拉克特港二期工程。[6]该港口向西延伸，围填了大面积的陆地，填海造陆在荷兰具有悠久的历史。该工程最终将新增一千公顷工业港口用地，填埋超过 50 英尺（约 15 米）深的水域。扩建部分被称为鹿特丹“可持续港口”，具有若干生态设计的特征，包括通过全面设计尽量减少对北海的影响，对填海造陆的区域进行全面的环境补偿（如，二万五千公顷海底保护区、一个沙丘恢复区，以及若干个陆地公园）。[7]

鹿特丹的案例在一定程度上告诉我们，与过去依赖围墙、堤坝和其他静态结构的工程项目相比，在海岸线和水陆交界线的调整问题上，我们应采取更具创造性和灵活性的方法。虽然在某些地方、某些情况下有必要对防洪墙和泄洪闸进行投资，但我们需要找到新方法应对肆虐的洪水和不断上升的海平面。建筑物、公共空间设计以及城市政策制定都不能忽视海洋，要充分考虑海洋因素，这样我们的未来才能充满希望，更可持续。

---

a 马斯夫拉克特港位于荷兰西南部南荷兰省的马斯夫拉克特境内，地处南荷兰省的西南部，北临莱克河口的南岸，西濒北海的东南侧。隔河与荷兰角（Hook of Holland）港相望。——译者注

与海洋王国相连的建筑物

尽管通过大规模的沿海设计，可以把滨水区建设得更可持续、更富有弹性，但单个建筑为进一步建立城市与海洋的联系提供了更多样的可能性。港口和海洋城市的沿海建筑可以围绕海洋保护进行构想、规划和设计，建立与这些沿海环境更直接的联系。

许多城市拥有绿色设施，这为当地居民更好地接触大自然提供了便利。比如珀斯、西澳大利亚和新加坡这样的城市和地区已经建造了精心设计的林冠步道和高架结构，这为人们提供了不同寻常的视角。在水生世界和海洋环境中，我们能否构建类似的建筑呢？例如，建造一个水下码头，是否可以提供别样的视角呢？

西雅图巴拉德社区（Ballard）的西贡滕登船闸（Hiram Chittenden Locks）展现的“海洋世界窗口”就是个典型的例子。西贡滕登船闸的鱼梯上安装了玻璃面板，鲑鱼返回该地区产卵时，游客能够透过这些玻璃面板欣赏鲑鱼奋力往上游的画面。自然学专家会进行现场答疑，并提供导游服务。当地人都知道，参观巴拉德的船闸是游览西雅图必去的热门景点之一。

图 4-2　华盛顿州西雅图，游客在西贡滕登船闸欣赏鲑鱼游来游去。
（图片来源：罗伯特 • 盖特利）

奥斯陆歌剧院

在最近一次去挪威奥斯陆的旅行中，我对这个城市如何利用独特的水环境开发滨海地区的创新设想印象深刻。该市的城市设计师和规划者称奥斯陆为“峡湾之城”（Fjord City），并构想未来如何将城市的发展与这种特殊的水生环境相互联系、互为支撑。

“峡湾之城”计划提出了滨水区建设方案，描绘了未来的愿景，引入了一些有趣的概念，如新的峡湾之城城市公园、新的“激活”水域（即，为划船和游泳创造的独立空间）、海滨长廊以及对该市新建建筑的高度进行限制，确保视野开阔。[8]

该计划指出：“海滨是城市公共空间的一部分，每个人都可以与海滨亲密接触，享受海滨带来的惬意。水是一种神奇有机的元素，无处不在。现在我们更加明白为什么奥斯陆的座右铭是‘蓝色之城，绿色之都’，它的内涵也更加清晰。通过建造景色宜人、连绵不断的港口长廊以及一系列公共空间，奥斯陆打造出了美丽的海岸线。”

奥斯陆歌剧院的独特设计体现了这座城市的创造性。挪威斯诺赫塔建筑事务所（Snohetta）在设计比赛中获胜，负责歌剧院的设计。该公司的主体设计元素彰显了港口和城市之间的联系。歌剧院近四英亩的花岗岩屋顶呈斜坡，缓缓延伸进入水域，创造了独特的大型城市广场，游客们几乎可以直接接触水、融入周围的水生世界。该建筑以其复杂独特的外形及内部构造嵌入城市，却以浑然天成的姿态融于城市生活，并与周围环境完美融合。对该设计有这样一种评价，“该项目设计的初衷是避免新建筑阻碍城市视线。而事实上，歌剧院不仅没有阻碍，反而拓宽了视野，让市民们体验了这座更加开阔的峡湾之城。”[10]

图 4-3　奥斯陆歌剧院的设计重新定义了建筑和水之间的关系。
（图片来源：蒂姆·比特利）

夏季参观奥斯陆，歌剧院是绝对不容错过的景观之一，这里熙熙攘攘，行人在多层次的空间流连忘返，有些人坐在屋顶上，面对着蓝色的天空和城市冥想；有些人则在低处徘徊；还有些人，特别是孩子们，则会到水边嬉戏冒险。

西雅图水族馆

城市水族馆在帮助城市居民了解海洋，创造更多的机会让居民融入海洋环境方面发挥着重要作用（这一作用将在第六章中详细讨论）。但除了展出的展品之外，这些设施的物理空间设计也可以更好地践行教育使命，因此，与馆中的鱼缸和各种海洋生物一样，水族馆本身的建筑也应被视为同等重要的元素之一。

西雅图水族馆正在酝酿新的设计理念，该水族馆计划在未来二十年内扩容一倍。其扩建在很大程度上将通过拆除大型高速公路，即所谓的高架桥，来实现。扩建后的水族馆会是什么样子呢？米顿建筑师事务所（Mithun Architects）根据亲生物性和仿生原则，提出了一个大胆创新的计划构想，将在未来几个月为水族馆制定更详细的总体规划。新建的架构将把水族馆、游客和海洋更为紧密地连接在一起。事实上，该计划设想通过水族馆加强西雅图沿岸鲑鱼产卵栖息地的保护，鲑鱼是美国西北地区的标志性鱼类。它们喜欢阳光，往往会游至海边，该计划试图最大限度地利用阳光，为鲑鱼打造一个游动长廊。

现有建筑结构的设计主要创新亮点之一是海水冷却系统，这也是由米顿建筑师事务所设计的，通过“热交换器”循环展区中的水，为水族馆大厅安装“天然空调”，降低能源成本，减少水族馆的碳排放。

水下建筑物

对于那些喜欢把人类与海洋联系起来的建筑师来说，水下建筑则提供了另一种可能。马尔代夫康拉德兰加利岛度假村（Conrad Rangali Island Resort）号称世界第一，采用目前先进的

图 4-4　西雅图水族馆海水冷却系统图（图片来源：米顿）

水族馆技术，使用弯曲透明的丙烯有机玻璃建造了壮观的水下餐厅，即伊塔海底餐厅（Ithaa Undersea Restaurant），该餐厅位于海平面以下五米，在这里顾客可以欣赏奇特的海底景观。[11] 尽管只能容纳 14 人同时就餐，但这些为数不多的就餐者们都一定会对这种体验难以忘怀。从那一张张奇幻的照片中我们可以感受到人们融入另一个世界的奇妙感觉。正如酒店网站所宣传的那样，这家餐厅“由珊瑚礁环绕，被透明的丙烯酸有机玻璃包裹，为食客提供 270 度的水下全景体验。”[12]

此类水下项目的另一个案例是位于斐济（Fiji）舄湖底部的波塞冬海底度假村（Poseidon Underwater Resort）。对于那些能够长途旅行，有经济承受能力的游客而言，这种经历美妙奇幻，令人终生难忘。一对夫妇若想在波塞冬海底度假村住宿一周，最低

图 4-5 马尔代夫康拉德兰加利岛度假村伊塔海底餐厅
（图片来源：苏拉 · 阿尔克）

标准是 3 万美元。游客可以享受水下 48 英尺（15 米）的水下套房，欣赏壮观的海底景色："每个房间都有一张双人床和巨大的丙烯酸塑料透明窗户，这些窗户一直延伸到天花板上，游客可以看到晶莹剔透的蓝色海水和海洋中的各种生物，景色令人惊叹，游客还可通过特殊的遥控装置直接从房间中喂鱼。所有游客都可以使用潜艇或通过一个特殊的隧道进入度假村的餐厅、酒吧和水疗室。"[13]

目前，这种水下体验颇为奢侈，只有富豪才能享受。但是，随着岛屿国家和沿海城市重新定位其与海洋的关系，应对气候变化和海平面上升等问题，我希望设计这些高端水下建筑的企业家们能够提出新的理念，创造出更多物美价廉、可以为大众所接受的建筑设计。

建筑物和海平面上升

2010 年，纽约现代艺术博物馆举行了一个名为“上升洋流”的展览，帮助人们理解海平面上升所带来的设计挑战，以及一系列富有创意的设计想法。该展览邀请了五个建筑师团队，针对海平面上升的问题，各自提出创意设计，每个团队分别被分配到纽约港的五个不同地区。这些创意无限的设计深深吸引了人们的眼球。为了更好地适应水下环境，设计师们采用了恢复以前的牡蛎养殖场，重新设计窗口基础设施等方案。

引起我注意的是马修·贝尔德建筑师事务所（Matthew Baird Architects）提出的重新利用新泽西州巴约纳炼油厂的设计。根据科学家目前的估计，这座建于 20 世纪 20 年代现已废弃的老炼油厂将在 60 年内被淹没。贝尔德及其团队对炼油厂进行重新设计，将其设计为多个凸式码头，用于处理生物燃料，同时将纽约市回收的大量玻璃废品（估计每年 5 万吨），设计成直径约 3 英尺（约 0.9 米）的不规则玻璃雕塑。然后，将这些“雕塑”放置在港口，减缓洪水的流速，模仿珊瑚礁创造新的生态栖息地。这些只是该展览催生的众多想法中的一部分，正如《纽约时报》的一篇文章中所评论的那样，这些设计试图“构建一个更加亲水的纽约”。[14]

蓝色屋顶与蓝色城市主义

除了直接开发滨水区外，城市的规划设计也可采用其他方案实现城市与海洋的互动。这一点在城市雨水处理中体现得尤为明显。有些城市，例如鹿特丹，已经采用了包括绿色屋顶等技术，留存雨水，加以处理。虽然提及城市和海洋之间的联系时，人们并不会马上想到绿色屋顶，但实际上它能够大大减少污水排放，降低城市对周围水域海洋生物的负面影响。

有些污染来自空气，例如温室气体排放、燃煤发电厂汞的排放以及很多其他传统空气污染物，例如氮氧化物等，而有些污染则来自水体，例如雨水径流和雨水沉淀。沿海城市力求减少有毒污染物的排放，绿色屋顶也正是其中的一个创新做法。

在这些领域，我们已经取得了很大的进展。世界各地许多城市将绿色屋顶、生物沼泽、雨水花园、渗透铺路和合理植树等技术融入各种城市建筑设计，尽量减少城市对周围水域的影响。建筑师事务所应该了解沿海城市绿色屋顶与海洋之间的联系，沿海城市也应制定相关政策鼓励建造绿色屋顶。

2012 年，我有幸在葡萄牙里斯本参观了世界上规模最大的绿色屋顶项目之一，其设计趣味横生。该市阿尔坎塔拉污水处理厂（Etar de Alcântara）的整个屋顶都是绿色的，不仅滞留了雨水，减少了暴雨时溢流到海洋中的雨水，同时还为人口密集的城市提供了大量的城市绿地和野生生物栖息地。该建筑由曼纽尔·艾利斯·马特乌斯（Manuel Aires Mateus）设计，于2011年完工，通过精心设计的屋顶花园网络，这个复杂的屋顶化身为雨水处理中心。从上往下看，你会觉得它不过就是个农田或城市花园。

纽约市不仅采用了绿色屋顶，同时也采纳了所谓的蓝色屋顶的设计理念，这些专门设计的屋顶具有滞留雨水的功能，尽管这个想法尚未全面实施。纽约市环境保护部（Department of Environmental Protection）称，蓝色屋顶"并非通过植物滞留雨水。屋顶调节通过增加限流设施对屋顶雨水径流进行临时滞留，延缓排出。蓝色屋顶造价比绿色屋顶更低，同时浅色的屋顶材料也可使屋顶降温，产生可持续效益。"[15]

蓝色屋顶其实就是具备滞留雨水功能的屋顶。和浴缸溢出的水一样，雨水也可暂时收集，屋顶滞蓄的雨水上升几英寸后再排出。在纽约市，蓝色屋顶的理念已广泛应用于学校建筑。[16]

前文中也提到，作为一个三角洲城市，鹿特丹不仅要应对强降雨和河流洪水，而且长期面临着海平面上升的威胁。随着城市的不断发展，历史上的一些洪水和雨水滞留的问题已不复存在，例如在人工运河搭桥铺路，方便出行。鹿特丹还建造了大型防洪闸门，但除此以外，还需要采取更多措施。该市一直在努力采取各种措施，扩大其蓄水能力。安装绿色屋顶是其中一个重要战略，鹿特丹目前正在制定相关政策，为安装绿色屋顶提供政府补贴，设立了宏大的目标，自2008年以来，该市已安装了约10万平方米的绿色屋顶，并计划每年增加4万平方米。

图4-6　波特兰10th@Hoyt公寓，所有雨水都是就地收集，通过一系列的排水管道和其他设施进行循环。(图片来源：蒂姆·比特利)

除了屋顶具有雨水减排的潜力，俄勒冈州波特兰等城市将天然雨水滞留并引入道路和人行道，因此，这些道路被称为“绿色街道”(该市大约有1000个这样的小规模的雨水滞留设施)。而在有些城市，例如鹿特丹和纽约，多种结构性雨水滞留措施混合使用。鹿特丹最近新建了一个地下停车场，经过重新设计，该停车场具有很强的储水功能（能蓄水约一万公升），最近在一场大风暴中，该停车场被完全填满，充分证明了建造这样的停车场是该市的明智之举。

未来漂浮之城？

提高城市居民的生活质量，改善海洋生物赖以生存的水质，这的确是个宏大的目标，但沿海城市的规划者、政界人士和设计师们在实现这一目标的同时也必须明白，要严阵以待，应对气候变化的影响也同样是刻不容缓的。沿海地区面临的主要挑战包括风暴频发，且强度越来越大，海平面持续上升。从纽约到达卡（Dhaka），许多沿海城市都在根据气候变化和海平面上升的情况重新调整海岸设计，尝试诸多不同方案，以期探索陆地和海洋之间的“软分割”，应对人口增长、消灭贫民窟。

有些城市的未来的确与水息息相关。例如达卡，该地区有着大量的贫困人口，人口密度较高，因此在面对气旋和海平面上升等问题时显得异常脆弱。据估计，孟加拉国三分之一的土地将被不断上升的海水所淹没。如何应对这一情况是个棘手的问题，不过，孟加拉国政府已经制定了规划，进行大刀阔斧的变革。该规划包括新建约2500个高架气旋避难所。这些避难所是为了临时安置受灾的家庭，其中甚至可以容纳农场动物，这主要是考虑到如果不能携带贵重的家庭资产，即家畜，这些家庭是不愿意疏散到安全地带的。除了建设基础设施外，政府还能够充分利用普及率相对较高的手机，宣传应对风暴来袭的相关知识。这将大大减少近代史上水灾造成的生命损失。

除了政府，非营利机构也一直在努力尝试应对气候变化问题。孟加拉建筑师穆罕默德·雷兹万（Mohammed Rezwan）及其领导的非营利组织（Shidhulai Swanirvar Sangstha）为人们提供了90多艘船只，上面设有流动的学校、图书馆和健康中心。这些传统的竹顶木船都配有互联网和太阳能灯。正如雷兹万所说，“对孟加拉国而言，船意味着未来。”[17]

这些船只，除了作为流动学校外，还将作为孟加拉国很多因洪水而失去家园的家庭的“气候避难所”。采用雷兹万开发的智能系统，这些船只甚至能够生产食物。雷兹万在接受美国《快速公司》（*Fast Company*）杂志的采访时，这样描述“太阳能水上农场”系统：“该系统包括由水葫芦制成的漂浮床（用来种植蔬菜）、由渔网和竹条制成的便携式圆形围栏（用来养鱼）、太阳能灯驱动的浮动鸭笼……这是个循环系统，鸭粪用作鱼类饲料，废弃的水葫芦苗床作为有机肥料出售，太阳光能照亮鸭笼，维持鸭蛋产量。”[18]

关于漂浮城市，或其他形式的永久或半永久性海洋居住环境，无论是在水面还是水下，人们还有更多的奇思妙想。今天看似不现实的设想未来很可能会成为人类的共同体验，可持续地利用地球上的海洋景观意义深远。例如，比利时建筑师文森特·卡莱鲍特（Callebaut）就提出了一个奇妙设计，形状宛若睡莲叶。这座漂浮的城市建筑自给自足，可以生产居民所需的所有生活用水、食物和能源，可容纳5万人。荷兰WHIM建筑事务所建筑师拉蒙·诺艾斯特（Ramon Knoester）提出了一个类似漂浮城市的想法，暂且称之为再生岛。诺艾斯特设想，这个再生岛可以选址在太平洋垃圾带，岛上约 50 万居民也可以帮助清理垃圾。[19]

漂浮城市的构想可以追溯到 20 世纪 60 年代日本的“新陈代谢运动”。当时，丹下健三（Kenzo Tange）等日本建筑师设想现代城市在其周围海底空间进行垂直拓展和扩张（例如，丹下 1960 年东京港计划）。[20] 虽然在短期内建立漂浮城市的可能性较小，但总有一天，人类至少可以借助船只等工具利用广阔的海洋空间。

创造性地重新思考城市与海洋之间的联系，统筹制定长期战略，积极应对海平面上升等问题，荷兰一直都走在其他国家的前列。目前，鹿特丹和荷兰其他城市正在探索，其中最有趣的一系列想法莫过于建造浮动建筑和漂浮住宅。鹿特丹正在构想利用海堤保护区之外的港口空间建造浮动城市结构，该结构靠近市中心，面积约 1600 公顷。鹿特丹委托建筑公司在莱茵港口（Rijnhaven）设计了一个非常有趣的结构，即浮动展亭。用于展示漂浮结构的可能性，同时大胆创新，采用太阳能驱动，覆以专门设计的铝箔。该展亭从一开始就被视为临时实验性结构，但现在已经成为可持续信息中心，似乎不太可能很快从该港口消失。

另外，值得注意的是，现在荷兰其他城市已经出现了漂浮房屋社区。特别是在阿姆斯特丹艾瑟尔堡新区（IJburg）斯蒂格伦（Steigereiland）附近的浮动住宅。漂浮屋逐步扩展到艾湖（IJmeer

或 IJ）以及阿姆斯特丹西部和北部的岛屿上。2013 年夏天，我参观了这些社区，对这些“亲水社区”房屋的设计质量和生活品质印象深刻。

图 4-7　鹿特丹莱茵港口的漂浮展亭（图片来源：赫维尔）

漂浮房屋概念的关键点似乎是连接房屋角落的大型桩，这些大型桩的独特设计让建筑能够与海水一起上下浮动。我担心住在这样的“水上房屋”可能有点拥挤，有点动荡，但一位居民告诉我，他们很容易习惯房子的轻微晃动，也许是因为漂浮房屋与阿姆斯特丹传统的船屋本质上几乎没有什么不同。

艾瑟尔堡的许多房屋都是三层结构，有些房屋还有甲板和露台，延伸至周围水域，为家庭船只提供停泊的区域。环顾四周，我感觉这样的船只可能已经取代了家庭汽车；艾瑟尔堡拥有良好的公共交通服务，所以不需要汽车，船只可能给居民们带来更多的娱乐项目。有些房屋甚至有浮动花园和毗邻的绿地空间。如图4-8所示，这些房屋看起来与陆地独栋别墅一样，配有一应俱全的现代设施。

图 4-8　阿姆斯特丹艾瑟尔堡漂浮房屋
（图片来源：蒂姆·比特利）

柔性的城市边缘

撇开漂浮城市、水上房屋和自给自足的船只不谈，为了适应气候变化，沿海城市战略转变的关键是从一些沿海地区撤离，规划柔性海岸防护结构。纽约市提倡运用“柔性”的方式和谐地改造城市公共空间，这吸引了许多设计师，使他们发挥想象。弗吉尼亚大学建筑专业毕业生亚当·雅林斯基（Adam Yarinsky）及其建筑研究办公室（Architecture Research Office，ARO）对下曼哈顿区的软基础设施颇感兴趣。他们试图打造具有渗透功能的街道和大面积的湿地，这将为城市创造一个充满活力的水陆边界。该团队在“海平面上升”（Rising Seas）竞赛中呈现的作品夺人眼球，并广为流传。他们对海岸线进行改造，自然地从陆地过渡到水域，而不是采用传统的防水板和固定海堤。这种设计更具活力，同时也会带来诸多益处。首先，它让人们认识到，面对频频侵袭、不可预测的风暴和洪水，造价昂贵、质地坚硬的固定结构可能是徒劳无功的。同时，它还引导人们重新思考海岸的价值，我们不仅要避免城市受到海水和洪水的影响，还要让城市融入周围的海岸与水环境，与之建立新的联系。

景观建筑师凯特·奥尔夫（Kate Orff）和她的花茎工作室（Scape Studio）团队则采取了完全不同的策略为纽约市打造柔性海岸边缘。他们提出了一种“牡蛎结构”，即通过“模糊绳网”建造新的牡蛎礁的概念，促进牡蛎繁殖，重建牡蛎养殖场，这样既能清洁城市水域，又可作为抵御风暴和洪水的缓冲地带。牡蛎的净水能力确实非凡，据说每只牡蛎每天能净化 50 加仑的水。

其他城市沿海地区也在使用“牡蛎结构”。自 2008 年以来，钱伯斯设计公司（Chambers Design）的设计师尼尔·钱伯斯（Neil Chambers）主持实施了一个项目，即恢复南卡罗来纳州默特尔比奇（Myrtle Beach）长湾河口的水质。近年来，长湾自然海岸线逐步消失，同时也面临巨大的发展压力，其河口水质不断恶化。钱伯斯设计公司、默特尔比奇与卡罗来纳海岸大学（Coastal Carolina College）共同协作，通过该项目，在长湾全长60英里的海岸重建历史上著名的牡蛎床。项目负责人还希望，其他团队也能在美国整个东部沿海开展类似的项目。

有趣的是，该团队遇到的主要问题之一是从哪里获得建造新牡蛎礁所需的牡蛎壳，毕竟国家自然资源部捐赠的牡蛎壳数量有限。钱伯斯想到一个颇具创意的解决方案：从当地餐馆收集，这是个很有趣的例子，说明人们可以从当地的垃圾填埋场回收利用一些废物，同时城市居民也可以通过参与河口的修复工作，重新建立与海洋的联系。[21]

结论

正如鹿特丹提倡的“不留遗憾”的理念所呈现的那样，应对气候变化也会提高居民生活质量，给城市可持续发展提供契机。人们已开始重新关注分布式能源系统，该系统能够减少碳排放，同时也更具灵活性。此外，我们还需要培养一种更具韧性的城市文化。我想起了几年前在意大利威尼斯教书讲学的经历，威尼斯这座城市面临着气候和水患的双重压力。为了应对这些问题，威尼斯正在建造一系列造价不菲的大型防洪墙（也被称为“摩西”

工程），许多其他城市因为其生态系统同样脆弱，也正在考虑借鉴这种方法。“摩西”工程一直争议不断，争议的焦点主要集中在其有效性、性价比（造价约 80 亿美元）和其对环境的影响。

然而，在“摩西”工程动工之前，威尼斯采用了很多不起眼的小型工程，成功地帮助其应对水患挑战。这不禁让我思考，这种普适性的应对战略是否往往比造价高昂的结构性解决方案更有意义，或者至少具有同等价值。

记得涨潮时（“高水位”），我饶有兴趣地观察着威尼斯人的生活。我曾看到邮递员在街道上 1 英尺或更深的积水中涉水运送邮件，游客和居民们通过临时搭建的人行通道出行，精心规划着可能前往的地点和出行方式。清晨的预警也会提醒城市居民注意水位上升，出门时记得穿上雨靴。

在那些洪水泛滥的日子里，我无数次亲眼目睹了威尼斯居民之间相互帮助、患难与共的场景。有时候，人们互相扶持，穿过洪水淹没的街道；有时候，人们就如何到达理想的目的地，避免进入无法通行的水域分享信息。通过社会基层的每个个体提高城市的抗压能力，这种社会交往与合作能力的培养无疑具有更大的社会价值。

沿海城市规划如何减轻未来的风险，我们仍然面临着前所未有的巨大挑战，但这也可能为我们提供史无前例的机遇，为更可持续、更具有抗压能力的城市文化奠定基础。

大约 20 年前，新城市主义大会（Congress for the New Urbanism，

CNU）成立，旨在提倡城市和社区可持续发展新模式，塑造适于步行、紧凑的城镇格局。大会现拥有数千名成员，开发的数百个项目突显了新城市主义的设计原则，显示了不同的城市建设途径和发展方式。虽然新城市主义引发了一些争议，但它却有助于强调物质结构设计的重要性，推崇紧凑性原则，减少城市生活对汽车的依赖。也许是时候重新规划现代城市了，帮助城市居民克服对水和泥土的物理感知障碍，鼓励人们深入思考，有意识地采取措施，促进陆地和海洋的融合。

也许是时候召开蓝色城市主义大会了，将保护海洋的倡导者、科学家、城市规划者和建筑师们汇聚一堂，群策群力解决现代城市与海洋协同发展所面临的种种问题。也许和新城市主义大会一样，我们也需要发表宣言，引发人们对海洋和海洋环境的关注。会议的名称还有待商榷，虽然目前我也不清楚创建这样一个组织能否解决这一问题。但首先，在某种程度上我的理解与新城市主义创始人的理解不谋而合，即对城市进行重新设计，优化城市功能配置的时机已经成熟，城市建筑可以沿着海岸，可以在海岸周围，甚至在某些情况下可以建在海洋之中。

注释：

1. “Wavedeck Curves, Dips on Waterfront,” *National Post*, June 4, 2009,

http://www.canada.com/story_printhtml?id=87d186b8-eedb-4078-a3ba6lc8153e524b&sponsor=.

2. Aquatic Habitat Toronto, http://aquatichabitat.ca/wp.
3. New York City Department of Planning, "Mayor Bloomberg and Speaker Quinn Unveil Comprehensive Plan for New York City's Water-fronts and Waterways," press release, March 14, 2011, http://www.nyc.gov/html/dcp/html/about/pr031411.shtml.
4. New York City Department of City Planning, *Vision 2020: New York City Comprehensive Waterfront Plan*, March 2011, http://www.nyc.gov/htm/dcp/html/cwp/index.shtml.
5. See New York City Global Partners, "Best Practice: Waterfront Area Zoning," http:www.nyc.gov/html/unccp/gprb/downloads/pdf/nyc_planning_WaterfrontZoning.pdf.
6. For detailed information about this project, see Port of Rotterdam, "Space for the Future," http://www.maasvlakte2.com/en/index.
7. See Port of Rotterdam Authority, Project Organization Maasvlakte, *The Sustainable Port*, May 2008, https://www.maasvlakte2.com/uploads/maasvlakte_2_the_ sustainable_port.pdf.
8. City of Oslo, *Fjord City Plan*, Department of Urban Development, Oslo Waterfront Planning Office, Agency for Planning (n.d.).
9. City of Oslo, *Fjord City Plan*, 2.
10. Jon Otterveck, ed. *Oslo Opera House* (Opera Forlag. N.d.), 46.
11. See "Ithaa Undersea Restaurant," http://conradhotels3.hilton.com/en/hotels/maldives/conrad-maldives-rangali-island-MLEHICI/amenities/restaurants_ithaa_undersea_restaurant.html.
12. See http://www.yesemails.com/waterstuff/underwaterrestaurant.
13. "The Breathtaking Poseidon Undersea Resort in Fiji," http://luxatic.com/the-breathtaking-poseidon-undersea-resort-in-fiji.
14. Nicolai Ouroussoff, "Imagining a More Watery New York," *New York*

Times, March 25, 2010, http://www.nytimes.com/2010/03/26/arts/design/26rising.html; see also Thomas de Monchaux, "Save New York by Making It 'Soft'," January 15, 2013, *New Yorker* Culture Desk, http://www.new-yorker.com/online/blogs/culture/2013/01/how-to-protect-new-york-from-rising-waters-with-soft-infrastructure html#slide_ss_0=1.

15. NYC Environmental Protection, "Blue Roof and Green Roof," http://www.nyc.gov/htm/dep/html/stormwater/green_pilot-project-psl18.shtml.
16. Some fourteen schools constructed by the NYC School Construction Authority include blue roof designs. See NYC Environmental Protection, "Rooftop Detention," http://www.nyc.gov/htm/dep/pdf/rooftop_detention.pdf.
17. Emily Wax, "In Flood-Prone Bangladesh, a Future That Floats," *Washington Post*, September 27, 2007, http://www.washingtonpost.com/wpdyn/content/article/2007/09/26/AR2007092602582html.
18. Cliff Kuang, "Floating Schools Designed to Fight Floods in Bangladesh," *Fast Company Co. Design*, December 7, 2012, http://www.fastcodesign.com/1671401/floating-schools-designed-to-fight-floods-in-bangladesh. See also Shidhulai, http://www.shidhulai.org.
19. E. g, Derek Mead, "Recycled Island Is Hawaii on Floating Trash," Motherboard, October 26, 2011, http://motherboard.vice.com/blog/recycled-island-is-hawaii-on-floating-trash.
20. For an excellent review of these ideas, see Zhongjie Lin, *Kenzo Tang and the Metabolist Movement: Urban Utopias of Modern Japan* (New York: Routledge, 2010).
21. Neil Chambers, "Re-imagining Infrastructure," http:/nivabilityawm/archives/7143.

第五章
蓝色城市之土地利用与公园改造

鉴于海平面上升、陆地与海洋之间边界不断变化，我们有必要重新对城市空间进行规划，将海洋和海洋环境因素考虑在内。奇妙的海洋世界离数千（甚至数百万）城市居民只有一箭之遥，而沿海城市大多未来用地规划和社区愿景却都忽略了这一点。现有的城市规划方案未能充分认识到城市与其自然环境之间的联系，已经过时。

通过政策的影响，将滨水区和近岸海域作为重点区域进行规划和评估，可增强城市系统的抗压能力，创造更健康的海洋生态系统。这里有几个主要方面需要考量。首先，设计者和决策者如何优化城市空间规划和土地使用控制？其次，从更广的层面来说，市级、区域级规划系统的改革如何更好地反映城市与海洋之间的现实联系？城市规划和政策在推广和扩大海洋保护区方面承担着什么角色？最后，需要采取何种措施建立城市人口新的“家庭精神版图”，鼓励城市居民将水域视为城市的一部分，如同他们每天行走的道路和驾车驶过的街区一样？

跨越陆地边界的思考

蓝色城市主义的规划方案在一定程度上要求重新思考城市土地的性质。蓝色城市必须逐步认识到陆地活动和城市发展对海洋环境的影响。这需要城市合理规划、有效监管，抵消这些活动所带来的负面影响。各个城市，即使是沿海城市，往往都远离深海环境，但通常都靠近近岸栖息地，因此，城市土地使用也在一定程度上对近岸栖息地有所影响。这些近岸生态环境本身的重要性是显而易见的，但是，从海洋世界的整体性来看，对其进行谨慎管理显得尤为重要。在土地使用规划中，我们必须理解这些近岸生态环境与其他更遥远的海洋区域的联系，及其对深海环境产生的影响。我们还必须将规划和管理延伸到海洋和海洋环境，一些国家和区域已经开始这样做了。很多沿海国家制定了不同形式的海洋规划，将沿海管理扩展到传统的陆地范围之外。一些地方和区域机构，例如科德角委员会（Cape Cod Commission），其规划和管理范围已大大扩展到陆地之外。

这样土地的使用和开发决策可对沿海和海洋环境产生积极影

响，但以上提到的都只是一些个案，而非常态。市政府应优先考虑如何限制破坏性化学径流和其他污染排放，严格审查沿海土地使用准则，确保采用最新的科学方法。这些准则可确保城市采用和实施严格的雨水保护标准，通过树木、雨水花园等陆地城市绿化创新模式，最大程度减少排入海洋的污染物。在许多沿海城市，污水有意无意通过混合下水道溢流，直接排入海洋。城市海岸线沿线住宅和建筑物的设计必须也要考虑到如何保护恢复近岸栖息地，例如，限制海龟筑巢区域的建筑外部照明，禁止对沿海鸟类等生物的重要栖息地进行开发。

其中颇具争议的一个规划议题是海岸建筑的后移。沿海地区新建建筑究竟应该与海岸线保持何种距离。海滩生活给人们带来的乐趣不言而喻，但如果沿海建筑没有适当后移，将越来越容易遭受强烈风暴的侵袭，海滩也会逐步消失。随着海平面的不断上升，尤其是受到风暴的侵蚀后，这些建筑离海洋将越来越近。那么，滩涂上的生物也将越来越难以生存。

海岸建筑后移应充分考虑海陆边缘变化的深层原因，考虑其长远的影响，比如说，设想一下 500 年后会如何。尽管在政策制定上存在很大的难度，但是将房屋搬离海岸，可以更好地保护和养护海岸，同时保护海岸附近的海洋生态环境。我们往往倾向于采用一些立竿见影的方案，例如建造海堤、重建海滩等，这样做不仅成本高昂，而且从长远来看也收效甚微。

长期以来形成的城市复原力表明，我们需要统筹规划陆地和海洋的边界，同时也可借此机会为城市居民提供全新的水上娱乐设施，但更重要的是制定综合全面的政策，而不仅仅是对狭长海岸带上的活动进行规范和管理。此类措施需要把陆地区域和海洋视为相互关联的整体，并将规划区域从山脉延伸到大陆架甚至深海区域。

几十年来，沿海地区的管理部门越来越认识到，沿海规划不能也不应局限于分割陆地和海洋的海岸线，而必须延伸到海洋。理想的海岸管理应该是“海岸综合管理”，实现陆地和海洋的无缝对接。在美国，州一级的海岸管理已经取得了较大进展，表现突出的包括夏威夷、俄勒冈州和马萨诸塞州等。例如，在俄勒冈州，20 世纪 80 年代的一项海洋管理计划明确阐释了重要的海洋资源及其保护管理目标，在随后的《领海计划》中规定了海岸管理范围为三海里。这种州级的海洋规划为可再生能源的开发、海洋保护区及其养护，以及捕捞政策等有关的一系列决策提供了基本框架。由美国国家海洋和大气管理局牵头，美国也在推动海洋空间规划，设定区域规划管理机构（如大西洋中部区域海洋理事会，即 Mid-Atlantic Regional Council on the Ocean，MARCO）。

蓝色城市和区域规划系统

科德角委员会是一个区域规划和管理机构，最近通过并实施了其海洋管理计划。为其他有意将海洋因素纳入规划的区级和市级政府提供了非常好的借鉴。《科德角计划》于 2011 年经委员会批准，确定了距离海岸三海里的规划区。在该海洋规划区内，该计划确定并绘制了一些关键资源区域，例如北大西洋露脊鲸、长须鲸、座头鲸、粉红燕鸥、鳗草和其他物种的主要活动区域。

尽管我们曾经连水下短距离潜水都很难做到，但许多技术让我们能进一步拓展土地使用和空间规划，同时尽量减少对海洋生物多样性及其生态环境产生的影响。地理信息系统（Geographic information systems，GIS）、遥感、水肺潜水等技术和方法有助于人类更好地了解近岸海洋环境，为区域和市政规划提供信息参考。每个沿海城市的综合规划或一般规划都应考虑到海洋要素，明确说明陆地及海洋空间的性质。理想情况下，这些规划应绘制出完整的地图，其中包括这些地区的生境、生物多样性、用途和面临的压力等信息，以及该市为保护这些区域可能制定的政策和采取的措施。人类对海洋越来越了解，但在城市规划中却未将海洋考虑在内，这让我们意识到现有的城市规划无法切实考虑到近海规划和发展对海洋的影响。

当然，美国大多数州需要考虑管辖权问题以及监管阻力，因为市级政府对这些海洋区域没有明确的法律所有权，因此对该区域的监管缺乏行政依据。但是，正如我们所看到的那样，城市在对陆地活动进行管理时（例如，更有效地控制雨水径流）也可以采用多种举措来减少对海洋环境的负面影响，在进行区域生态规划时充分考虑其对海洋生物以及海洋生态环境的影响。

蓝化带与绿化带同样重要

将海洋和海洋环境视为重要的绿色生态空间，关键是要对土地使用控制和监管进行改革。就像设计“绿化带”一样，市级政府可将水域纳入城市或社区的自然区域和空间网络。从逻辑上讲，这些区域可被称为“蓝化带”。

纽约市斯塔滕岛正是这一理念的引领者。根据该市网站介绍，“蓝化带”就是指“自然排水系统”，包括溪流、池塘以及湿地。良好的湿地系统具有输送、储存、过滤雨水的功能。此外，蓝化带也是社区重要的开放空间以及多样化的野生动物栖息地。[1]

城市周围的海洋区域和空间往往很容易被忽视，将这些区域定义为蓝化带，可以对其进行重新阐释和设计。斯塔滕岛的政策制定者认为，蓝化带除了可以保护生物栖息地，还有很多其他益处："就相同的土地面积而言，建设蓝化带工程所需的基础设施成本比传统的暴雨排水管道减少了数千万美元。该方案向人们展示了保护湿地的同时也可以降低基建成本，避免对环境产生负面影响。"[2]

现在，斯塔滕岛大约三分之一的排水都排入蓝化带网络，即收集滞留雨水的绿色基础设施，如湿地、池塘和河流，该地区政府已通过土地保护政策对这些设施加以维护。"蓝化带"中的"蓝色"主要指雨水，而非海洋。但有些经验同样适用于海洋保护，斯塔滕岛投资蓝化带，不仅降低了防洪的成本，提高了雨水管理的效率，同时还保留了重要的绿地和生物栖息地，减少了斯塔滕岛对周围水域的污染排放。[3]

大多数城市都有绿化带，每个沿海城市均可建立与陆地绿化带平行的蓝化带网络。蓝化带理念主张地方政府应制定与区域和国家政策互为补充的土地保护及养护计划，保护重要生物资源和自然土地资源。在这方面，我们任重道远，既要改变传统观念，也要加强保护力度。据估计，地球上约13%的陆地面积被划为公园和保护区，但只有不到1%的海洋面积受到保护。

在美国的另一端，加利福尼亚州拉古纳海滩（Laguna Beach, California）也实施了蓝化带计划。拉古纳蓝化带联盟（Laguna

Bluebelt Coalition）致力于宣传海洋保护区的益处，带领人们领略美不胜收的拉古纳海滩，提倡在沿海地区建立新的海洋保护区，督促拉古纳海滩市议会持续不断地支持海洋公园的建设。[4]事实上，该市严格按照《加州海洋生物保护法》（MLPA）划定保护区的边界。但因担心保护区的建立会影响商业捕捞渔业，该做法一直受到抵制，而拉古纳蓝化带联盟的宣传可以抵消行业抵制的影响。他们定期组织潮池漫步活动，帮助监测海洋保护区的执行情况，最近还举行了第二届蓝化带摄影年度大赛。

虽然这些水生环境从严格法律意义上讲属于国家所有，禁捕令等法规也是由国家责令执行，但地方政府和当地民间团体也可以发挥自己的作用。城市在实施和执行这些海洋保护区的捕捞限制和其他限制方面也将发挥越来越重要的作用。在海洋中明确划界有害无益，因此，设立保护区的边界需要国家和地方政府共同承担责任，共同维护。我们希望地方政府能够逐渐感受到与其保护区域之间的联系日益紧密。以社区为单位的民间组织在帮助监测和管理这些海洋公园方面也发挥着重要作用，例如圣塔莫尼卡（Santa Monica）的“拯救海湾”（Heal the Bay）组织就在定期开展海滩清洁运动和公民科普活动。

图 5-1　加利福尼亚州拉古纳海滩（图片来源：《拉古纳海滩倒影》，拉古纳蓝带摄影大赛冠军戴维·林宁）

海洋公园和海洋保护区

作为保护网络的一部分，海洋公园和海洋保护区的建立可以发挥诸多重要的生态功能。这有助于引导具有破坏性的资源开采远离生物多样性的地区。例如，（鲸鱼生育地）保护区可以限制具有破坏性的船只通行，改变航道，减少生物撞击船只事件（撞击船只是北露脊鲸等物种死亡的主要原因）。此外，海洋保护区通常会设立禁捕区，对商业捕捞渔业进行限制，这大大有利于鱼类种群的恢复。对第一个海洋保护区的监测为我们提供了重要的科学依据，有效证明了保护区的设立有助于恢复海洋生态的完整性。

在重新规划沿海城市及其周围新的海洋公园和海洋保护区方面，我们还有很多工作要做。海洋带动了一系列行业蓬勃发展，例如航运、风能、石油开采和渔业等，对这些行业设置限制是至关重要的。

越来越多海洋保护区的建立有可能大大改善城市与其周围水域及海洋景观的关系。例如，根据《海洋生物保护法》，加州率先建立了全面系统的海洋保护区网络。

其中许多保护区距离主要城市中心较近，特别是洛杉矶和旧金山。随着城市居民心理地图的不断转变，这些保护区有可能被视为陆地环境的延伸景观。

西雅图市建立了一系列的城市海洋公园，并针对这些公园设立了相关法规和禁令。[5]这些公园包括金色花园、阿尔基海滩公园、林肯公园、施密茨观景台和探索公园。这些设计独特的公园让居民们有机会亲眼看到河口景观，亲身感受到海洋环境，并与蓝色世界进行亲密接触。此外，上文也提到了檀香山市/县管理的三个海洋生物保护区，包括广受大众欢迎的恐龙湾保护区。

图 5-2　乔治亚州格雷礁国家海洋保护区的黑鲈鱼。
（图片来源：美国国家海洋和大气管理局，格雷格·麦克弗尔）

纽约市哈德逊河公园（Hudson River Park）虽然不完全是海洋环境，但却是城市公园创新规划的典型案例。纽约市力图从视觉和空间上构建居民与滨水区及海岸线的联系，哈德逊河公园是该战略的关键组成部分，其独特之处在于，公园占地面积共 550 英亩，其中有 400 英亩为水域。

公园大部分规划都巧妙地利用水生面积，设有乘船游览项目、船只停靠点、皮划艇和独木舟等设施。哈德逊河可以自由通行，甚至在一年中某些时段，该河段不仅允许而且鼓励人们游泳，例如每年举办的曼哈顿岛马拉松游泳比赛（这是由曼哈顿岛基金会组织的全长 28 英里的游泳比赛）。[6]

图 5-3　加利福尼亚州埃尔克霍恩斯劳国家河口研究保护区的独木舟
（图片来源：美国国家海洋和大气管理局，丽莎・埃曼纽森）

这些往往是城市逐渐向水生世界扩展、朝着蓝色城市方向发展所采取的一些积极举措。

惠灵顿：陆地和海洋结合的新愿景

新西兰首都惠灵顿，有着保护陆上绿地和自然景观的优良传统。其土地保护的核心是构建城市绿化带和外围绿化带。城市绿化带可追溯到1840年，惠灵顿大部分地区都被绿化带覆盖。但同时惠灵顿也坐落在半岛上，三面环水。

2008年，该市沿着其南部海滩建立了第一个海洋保护区——塔普特兰加海洋保护区（Taputeranga Marine Reserve）。这是个颇具特色的海洋公园，毗邻人口密集的惠灵顿居民居住区，离市中心仅6公里。世界上第一次海洋生物限时寻就是在这里举行的，数十名潜水员和浮潜人员在保护区水域观察收集动植物，其结果证明，850多公顷的保护区内海洋物种多样。他们记录了数百种海洋物种，从“虎鲸到藻类”，甚至发现了一种新的海葵。这里不仅有退役后沉没海底的护卫舰，还有人们最喜欢的潜水点，专门设计的浮潜小道，下有浮漂，为潜游者引路。作为海洋保护区，这里禁止任何形式的捕捞作业，这有助于海洋物种的恢复和补给。

惠灵顿居民通过这个保护区可以近距离感受浩渺的海洋。广受欢迎的岛湾海洋教育中心（Island Bay Marine Education Centre）坐落在该保护区的中部，由旧的饵料房改造而成，一个个小型水族箱展示着当地丰富的海洋物种。星期天，很多游客和家庭涌入教育中心，走近触摸池，近距离接触海洋生物，人声鼎沸，游人如织。该中心由惠灵顿海洋保护信托基金管理，并得到该市市政（和其他机构）的财政支持。中心展示的所有海洋动物都来自该地区，有些动物是由当地渔民赠送的，他们经常会发现千奇百怪的物种。信托基金仅仅收取低额的门票，用以维持教育中心的日常运营。该中心的主要工作是接待学校团体的参观学习，通常每学年每周接待的小组多达五至十个。惠灵顿的学生，不论是大学生还是幼儿园的小朋友，都可以近距离感受到这座城市周围海域的生物多样性。

一个星期天，我亲眼目睹了游客们，特别是年轻游客，在志愿者的引导下接触水族箱里的生物。他们兴奋不已。志愿者在触摸池边，为孩子们讲解他们看到和触摸到的生物，孩子们充满好奇，周围气氛热烈。志愿者拿着一只水蛭，解释它是如何捕捉猎物的；在附近的水族箱，另一名志愿者则拿起一只蛇尾海星，解释没有牙齿的蛇尾海星是如何进食的。蛇尾海星从口中吐出胃，包裹猎物，而后消化。

该中心还会让人们直接体验海洋世界。退潮时，岩石缝隙就成了探索者的天堂，我参观海洋教育中心的那天，不论长幼，人们都看到了自己心仪的景观。那天，惠灵顿市长西莉亚·瓦德布朗（Celia WadeBrown）也和我一起参观了教育中心。她自己就是一名潜水员，一直致力于为居民创造与海洋亲密接触的机会，激动之情溢于言表。她说："在惠灵顿人们真的与水密切相连。"（人们每天有很多机会体验周围的海洋环境。）很少有政界人士像她那样充满激情地谈论海洋，因为她的政治生涯恰恰就是从参与海滩清理开始的。成为市长之前，她是海洋教育中心的定期志愿者。作为潜水员的体验，让她对古老广阔的海洋有着最直观的了解。

“浮潜或潜水时你往外看，大海看起来真的很迷人。但只有置身其中，你才能从另一个维度来感受海洋世界的奇妙。”瓦德布朗说道。毕竟，我们最初是海洋哺乳动物。“和海豚一起划独木舟……去海底，看着银鳕鱼游来游去……你一招手，它们就向你游来，这感觉真是太棒了。有次潜水，一只章鱼游过来触摸我的手，这种与自然世界的联系，无处不在，古已有之。理解这点很重要。”[7]

惠灵顿的政策制定者和居民们也逐步认识到，需要建立新的蓝化带，并将之融入城市的绿化带。接受这一概念的人们越来越多，目前蓝化带的建设已被纳入该市的政府规划。确切地说，我们现在可能还不清楚这条蓝化带具体包含什么，但塔普特兰加海洋保护区必定是其中的重要组成部分。此外，城市的溪流和下水道最终汇入海洋，这也会影响城市周围沿海水域的水质。惠灵顿注重水生世界的城市设计、令人印象深刻的徒步旅行和自行车道网络、新建的海滨公共空间，这些都充分展现了该市的蓝色愿景，这一愿景将水生世界融入居民生活。

港口也是惠灵顿的重要组成部分。近年来，由于城市污水处理系统的重大改进，港口已经变得越来越干净，因此，人们可以在这里发现大量千奇百怪的海洋生物。夏季，甚至还会出现特别访客，成群的黄貂鱼和燕魟。水下世界就更让人惊叹不已了。史蒂夫·尤内（Steve Journeé）是一名潜水教练，他已成为惠灵顿蓝化带概念最热衷的拥趸者之一。他经常潜入港口，目前正在撰写一本书，暂名为《惠灵顿水下世界》：水下面有什么，在那里你将发现奇妙的大自然。站在港口边，他向我描述了水下几米那个色彩斑斓的海底世界：黄色、绿色、橙色海绵，海蛞蝓，海星，不一而足。

图 5-4　潜水教练史蒂夫·尤内热衷于寻找惠灵顿港的新物种。（图片来源：马克·库特）

全新的家园精神版图

海洋环境友好型城市政策给城市居民带来干净的海滩及良好的水生生态系统，这将有助于重塑城市居民对水与城市之间关系的认知。如上所述，纽约市大幅拓展滨水区公园，为城市居民融入海洋创造了很多接入点，不断创新，对其水域和水道进行规划。纽约市有着550英里绵延海岸线，水永远是人们生活中不可分割的一部分。令人印象最深刻的是，该市通过了一项海滨综合计划，其中提及一个关键目标，即重新建立居民与水之间的联系。这种联系既包括视觉上的，也包括物理空间上的。规划专员阿曼达·伯登（Amanda Burden）将水作为城市的“第六”区：“水是行政区之间的结缔组织，实际上是我们的第六区。……现在，我们正以规划传统陆地那样的热情规划着海滨和水道。”[8]

其他城市则试图将传统的陆上活动和概念扩展至水中。有些城市，例如密尔沃基，已兴建城市水道，吸引居民乘坐独木舟或皮划艇，探索三条河流的水域。密尔沃基规划了约25英里的水道，这些水道被称为“液态公园路”。该市的一张地图令人印象深刻，其中标示了停泊点、水道进出口、餐馆以及历史文化名胜。纽约市也制定了类似的水道地图，提供了40多个水道入口标识，让人们享受城市周围160平方英里河流和港口的蓝色空间。夏季，借助纽约社区船坞网络和像市中心船坞这样的非营利组织提供的船只，人们可以在某些时段免费使用皮划艇，这样可以吸引更多人使用水上设施。[10]

在香港，世界自然基金会（WWF）下属机构绘制了一份海洋生物多样性地图，其中包括香港主要的海洋公园和海洋保护区。

此外，这张地图上还包含很多其他信息，例如中华白海豚、江豚、珊瑚和鲎的观赏点。不过，目前只有2%的城市水域被列为保护区，世界自然基金会认为应扩大这些保护区。同时，香港是人口密集型城市，还可以采用参观欣赏附近海洋栖息地等方法，鼓励更多的城市居民了解人类与海洋的联系。有意思的是，科德角也采用了类似的体系，根据视觉效果和海洋景观将海岸线划分为不同的“海景单位”。[11]这些地图对于新的海洋风电场选址也具有指导意义，指引这些设施远离脆弱的海洋环境和珍贵的沿海景观。

结论

本章认为，在界定空间边界和界限时，沿海城市必须采用一种全新的蓝色视角。一些沿海城市，例如旧金山、洛杉矶等，物理空间上来看相对更接近物种丰富的海洋世界，但在城市规划和运行中却往往忽略了周围的海洋环境。

值得高兴的是，许多城市开始重视周围水域空间的重构，城市水上公园和水上步道等概念层出不穷，为城市居民与蓝色环境密切接触创造了条件。随着新的海洋保护区的建立，城市居民和决策者也开始以类似于陆地绿化带的方式理解、接受这些蓝化带，积极参与蓝化带的建设管理。

尽管如此，在推进沿海地区新的空间规划方面，我们还有很多工作要做。诚然，市政府对陆地边缘之外的水域没有太多的法律控制权限，但可以采取很多措施减少城市对附近海洋环境的影响，例如合理规划城市污水的处置、雨水的管理等。首先，城市应将海洋纳入其综合规划或总体规划，密切关注城市周围的海洋环境。此外，城市地图作为地方规划的核心要素，应努力克服目前普遍存在的视觉和心理印象，即城市海岸线之外是一片空白。相反，沿海城市的空间愿景和总体规划图应考虑到更广阔的海洋环境。

注释：

1. NYC Environmental Protection, “The Staten Island Bluebelt: A Natural Solution to Stormwater Management,” http://www.nyc.gov/html/der/html/dep-projects/bluebelt.shtml.
2. NYC Environmental Protection, “The Staten Island Bluebelt.”
3. See NYC Environmental Protection, “The Staten Island Blue Belt.”
4. See Laguna Bluebelt Coalition, http://lagunabluebelt.org.
5. E.g., see Seattle Parks and Recreation, “City Park Marine Reserves Rule,” http://www.seattle.gov/parks/publications/maRinereserveRule.htm.
6. See Hudson River Park, http://www.hudsonriverpark.org.
7. See “Biophilic Wellington”(video), http.//www.youtube.com/watch?v=4-BmwhdpLo.

8. Quoted in New York City Department of Planning, “Mayor Bloomberg and Speaker Quinn Unveil Comprehensive Plan for New York City’s Waterfronts and Waterways,” press release, March 14, 2011, http://www.nyc.gov/html/dcp/html/about/pr031411.shtml.
9. Milwaukee Riverkeeper, “Milwaukee Urban River Trail,” http://www.mkeriverkeeper.org/content/milwaukee-urban-water-trail.
10. There are a growing number of similar nonprofits, including the Long Island City Community Boathouse and the North Brooklyn Boat Club, among others.
11. Cape Cod Commission, *Cape Cod Ocean Management Plan*, Barnstable, Massachusetts, October 13, 2011.

第六章
城市居民融入海洋世界

发展蓝色城市文化不仅仅依赖于建造海洋公园或设计新的海岸结构和空间，还应当让人们领略海洋的魅力，与海洋有更亲密的接触。前几章中讨论了新建水下公园、蓝化带、重新设计滨水区，这些措施为潜移默化地培养城市居民的“蓝色伦理”提供了必要的物质基础。我认为这种蓝色伦理可以理解为一种想要与海洋建立联系、关心海洋世界的深层次意识，以及人们对海洋生物多样性和复杂性的迷恋与好奇。

鉴于物理设计的功能有限，对于海洋的亲身体验，以及在此基础上建立的与海洋之间的联系是培养居民海洋保护意识的关键要素，因此城市居民一定要亲身接触海洋，通过观察，感受和了解海洋生物。本章将讨论如何通过教育推广和宣传活动，激发居民接触海洋及海洋生物的兴趣。有些项目和组织通常只会出现在沿海城市，有些项目和组织可以不受地域限制，出现在任何城市，帮助人们了解海洋世界。

重要的是，城市要建立强有力的合作组织网络，在对城市居民进行教育的同时，创造更多居民与海洋生物互动的机会，这一点至关重要且意义深远。不同的组织可以发挥不同的作用，提供不同的机会，带给居民丰富多彩的体验。它们可以引领城市居民享受海洋带来的娱乐休闲；帮助人们提高有关海洋的科学认识；调动人们的积极性，共同参与重建因人类过度开发而亟待修复的海洋世界。当然，不是每一种体验都能引起每个人的共鸣。因此，城市决策者和各个城市组织还应采取更多别出心裁的方式，激发人们对海洋的兴趣，引领人们去探索这个物种丰富的奇妙世界。我希望这能吸引更多人积极参与海洋管理，具体做法我们将在第七章进行讨论。

购物广场的海洋元素

弗吉尼亚州的夏洛茨维尔市（Charlottesville）连续七年举办了 LOOK[3] 户外摄影节。在夏洛茨维尔市中心购物广场的大横幅上，人们可以颀赏《国家地理》撰稿人大卫·杜比莱特（David Doubilet）及其他才华横溢的水下摄影师、艺术家的作品。购物广场每天熙熙攘攘，人们在这里散步、逛街、吃饭。今年 6 月，一位顾客正在购物广场的某家咖啡馆外享用卡布奇诺，一抬眼就看见一群柠檬鲨和一些壮观的水下景象，颇感震惊。这些照片把海洋生物及其独特魅力带到了人们意想不到的地方，同时也试图提醒人们，海洋生物也是蓝色星球上的公民。

海洋艺术的一大优势是它可以让人们跨越地理界限去构想人类与海洋的联系。我仍然记得在新奥尔良一座建筑物的一侧看见一头大鲸鱼画面时所感受到的震撼和惊喜。那是一片破败的空白墙壁，面对着一个空旷的大停车场。显然，这样的背景并不光鲜，但这头鲸鱼无疑是绚丽多彩的，在不经意看到它的那一瞬，我顿时觉得神清气爽、心旷神怡。建筑师、艺术家林璎（Maya Lin）最近与我谈了她的想法，她计划打造栩栩如生的数字鲸鱼，让它们在时代广场遨游，在屏幕间跳跃。在时代广场的巨幅屏幕上游过的鲸鱼与其实际大小相差无几，一旦出现在曼哈顿市中心，定会引得路人驻足围观。

城市中的海洋艺术可以通过多种形式呈现，从新奥尔良建筑上的大型壁画到西澳大利亚弗里曼特尔（Fremantle）的海洋景观人行步道，再到各式各样的贝壳和其他海洋艺术品，海洋艺术均可融入这些常见的公共空间。在夏洛茨维尔，当地的木雕艺术家汤姆·吉文斯（Tom Givens）制作了一系列与实物大小相当的鲸鱼尾，并将其放置在靠近公路、桥梁的显眼地段。[1]这些独具匠心的作品给过往的行人带来了强烈的视觉冲击，让人们在日常的城市生活中也能感受到一丝丝海洋的气息。

2012 年夏天参观奥斯陆时，我在传统建筑的一些建筑细节中领略了这个海港城市与海洋世界的微妙联系。令人印象深刻的是坐落在 Rådhusgata 25 号的一幢建筑，这里曾经是挪威船东协会（Norwegian Shipowners Association，NSA）[a] 的所在地。由著名的贝杰克（Bjercke）与埃里亚森（Eliassen）建筑事务所设计，于 1941 年建成。该建筑前有一座壮观的鱼形雕塑，惟妙惟肖，其精湛的雕刻技艺，让人叹为观止。亲生物设计界的许多人坚信，当人们看到这种展现自然生物魅力的场景时一定会心情愉悦，这恰恰是这座极具历史意义的城市雕塑所带给人们的感受。

图 6-1　弗吉尼亚州夏洛茨维尔鲸鱼尾雕塑（图片来源：蒂姆・比特利）

a 挪威船东协会是挪威最大的船主联合会，也是挪威最大的雇主联合会之一，目前拥有成员公司 160 余家，主要为经营油轮和散货运输的公司，包括了挪威绝大部分的船主。——译者注

海洋景观和海洋世界在日常城市生活中的存在可以通过多种方式呈现，例如艺术和建筑。这些艺术作品、壁画和建筑细节有助于构建人类与海洋之间的亲密联系。虽然这与游泳、浮潜等直接体验海洋世界的形式不同，但同样也可以对人们的感观产生很大的冲击。

水族馆的作用

对于城市中的许多人而言，特别是那些远离海洋的人们，他们无法直接感受海洋，不得不通过其他方式了解海洋世界。城市水族馆在建立蓝色城市主义伦理方面发挥着至关重要的作用，因为设立水族馆的目的正是为了帮助游客不受地理位置的限制，近距离地了解海洋世界。大多数城市都设有水族馆，这些水族馆让人们感受奇妙的海洋生物，帮助他们了解城市与海洋之间的联系，是宝贵的教育资源，同时也是在城市管理过程中构建海洋意识的重要物质基础。

据海洋生物保护协会（MarineBio Conservation Society）称，世界各地大约有 240 个水族馆和海洋生物中心。许多水族馆都位于城市中心或城市附近，因此在构建城市居民的海洋意识中可以发挥巨大的作用。[2] 例如，波士顿新英格兰水族馆（New England Aquarium）每年接待约 130 万名游客，开展的教育项目仅在波士

图 6-2　挪威奥斯陆一座建筑上的海豚雕刻（图片来源：蒂姆·比特利）

顿市区就惠及 10 多万名学生。位于旧金山附近的蒙特雷湾水族馆每年接待约 180 万名游客。位于马里兰州的巴尔的摩国家水族馆每年接待约 140 万名游客，为该地区创造了大量的就业机会，产生近 3.2 亿美元的经济效益。[3]

最近，我采访了葡萄牙里斯本海洋水族馆（Oceanario）的首席执行官若昂·法尔卡托（João Falcato），了解到他们工作中的创新举措。里斯本海洋水族馆是欧洲公众水族馆[a]之一，欧洲大约有 140 个公众水族馆，都肩负着教育使命。里斯本海洋水族馆每年向数以百万计的游客传达着这样一个信息，即“我们只有一个

a　公众水族馆（public aquaria）是水生生物饲养展示和科普教育的场所，同时也是水生生物资源保护和科学研究的场所。水族馆可专养海洋生物或淡水生物，也可兼养；既有供观赏或普及科学知识的公共水族馆，也有供科研及教学专用的水族馆。包括所谓的“海底世界”“极地海洋世界”也属于水族馆。——译者注

海洋”。虽然其设施看起来与其他城市水族馆并无二致，但其教育的重点是转变城市居民的生活方式和消费方式。水族馆的大部分展品无时无刻不在提醒游客去思考我们应该采取哪些措施才能减少人类对海洋的影响。他们与葡萄牙各地的学校开展合作，对各校教师进行培训，开设相关课程，讲解过度捕捞等知识。里斯本海洋水族馆的吉祥物——瓦斯科（Vasco），是个超级海洋英雄，受到了全国各地孩子们的喜爱。瓦斯科住在水族馆里，他通过喜闻乐见的方式让人们思考如何通过更可持续的生活方式减少对海洋的影响。从屋顶风力涡轮发电，到浴室节水，再到推崇家庭厨房里采用本地食物，他让孩子们对这些海洋友好型的生活方式充满期待。

如何重建更广泛意义上的海洋文化，让人们关注海洋环境和海洋健康，仍然是个巨大的挑战。正如若昂·法尔卡托所说，在葡萄牙“海洋意味着历史，但今天我们必须要把海洋纳入未来的发展规划中……如果你问任何葡萄牙人关于海洋的问题，他们现在只能想到海滩……今天，提到海洋，葡萄牙人能联想到的东西非常有限，这恰恰是需要我们去找寻的。”被法尔卡托称为“回归海洋”的挑战几乎是每个国家都需要应对的。如何做到这一点，很多国家并不是很清楚。但是，里斯本海洋水族馆试图将个人生活方式的选择与海洋环境的健康联系起来，这是朝着正确方向迈出的重要一步。

位于波士顿的新英格兰水族馆也同样给我留下了深刻的印象，它融教育、保护和科研职责于一身。水族馆每年定期举办研讨会，此外，还建造了“馆外饲养基地”，用于拯救海洋动物，帮助他们恢复，例如救助肯普氏丽龟。水族馆的工作人员积极采取一系列养护措施，有些措施可能涉及本土区域，例如上文中提到的改变航道，而有些则涉及千里之外的地区，例如支持设立菲尼克斯群岛海洋保护区（Phoenix Islands Marine Protected Area，PIPA）。该保护区是世界上规模最大的海洋保护区之一，位于夏威夷、澳大利亚、基里巴斯共和国（Republic of Kiribati）之间。尽管相隔千里，新英格兰水族馆仍积极赞助科研人员前往菲尼克斯群岛进行考察研究。

图 6-3　葡萄牙里斯本海洋水族馆（图片来源：维克托·桑乔）

一座城市若致力于发展蓝色城市伦理，则应力求不断改善水族馆设施，提高其知名度。同时，也可以通过不断更新展品，探索如何更加有效地建立本书中所探讨的城市与海洋之间的联系。

自然探索项目

创造海洋艺术，建造水族馆，不受任何地域的限制，但沿海城市本身的确具有独特的优势，拥有生动丰富的教育资源，如果善加利用，可以让人们更好地了解海洋生物，关注海洋环境。若论得天独厚的水域环境，很少有美国城市能和西雅图比肩。西雅图坐落在普吉特海湾（Puget Sound）和华盛顿湖之间，眺望艾略特海湾（Elliot Bay），拥有绵延的海岸线。大西雅图地区的一些组织通过教育宣传，让居民们了解当地神奇的水生环境和海洋生物。西雅图水族馆的海滩自然探索项目始于1999年，该项目对居民进行培训，让他们担任现场讲解员，每到周末他们就戴上定制的帽子，穿上专门的马甲，回答游客们提出的有关海洋生态的问题。他们手提一个小盒子，里面装着各式各样的海滩工具和野外生存指南，这些居民对西雅图海滩退潮时可以看到、摸到的生物如数家珍。该项目最初为5个海滩提供服务，但在过去的15年里已拓展至10个城市公园。

有一天，我在金色花园（Golden Gardens Park）遇到了西雅图水族馆管理该项目的负责人贾尼斯·马西森（Janice Mathisen），金色花园坐落在巴拉德（Ballard）附近普吉特湾海岸上，风景独特。当我们聊天时，潮水渐渐退去，之前隐秘的世界展现在我们面前。退潮时人们会看到什么呢？当然可以看到很多海洋生物：蓝贻贝、藤壶、石鳖、帽贝、玉螺、螃蟹、海蛞蝓和海星（包括紫色海星）。还有各种各样的水母、海藻、鳗草和海葵（数量惊人的海葵能够自我克隆，不断繁殖）。西雅图的潮差（tidal range）较大，约为 14 英尺，因此近海海岸的海洋生物很容易就呈现在我们眼前。

正如贾尼斯所解释的那样，在退潮时游客们可以看到海岸上的奇妙景观。“人们似乎真的很喜欢……我们不是在执行什么任务，而是切实地想他人之所想，乐于给他们讲解，帮助人们了解这个神奇的世界。”西雅图的居民，即使是长期居住于此的居民，也往往无法理解海面下生物的多样性和海洋生命的奇迹。“人们甚至不知道这里有着什么样的生物，”贾尼斯说，“一旦他们有所了解，他们就会忍不住想要了解更多……这真是太棒了。”贾尼斯解释道，目前约有 200 多名海滩自然探索志愿者，他们接受大约 22 学时的课堂讲解和实地培训。他们热情洋溢，共同协作，全情投入，每个季度大约有 70% 志愿者会再次参与其中。

像自然探索这样的项目，其影响力难以评估。尽管评估机制尚未完善，但该项目至少每年都在尝试评估与游客的接触度。过

图 6-4　退潮时，西雅图海滩探索者在寻找生物。
（图片来源：蒂姆·比特利）

去一年，估计该项目接待游客 32,000 人次（包括每个志愿者与游客单独的交流和互动，不论时间长短）。此外，他们还接待了该市许多学校团体，安排他们进行海滩公园实地考察。

大型学校团体在退潮时参观海滩，有时会给海洋生物带来很大的压力，但自然探索者试图鼓励参观者在对海洋生物感到好奇的同时，尽量不去打扰它们。贾尼斯说："我们鼓励人们参观海洋生物的栖息地，轻轻地触摸感受，而不是把他们捡起来，随意挪动。"除了触觉，这也是一种多维的感官体验，这种感受很难通过书本或图片传达。每个蓝色城市无论是为了儿童还是成人，都应进行投资，创建这种体验环境。

该项目对自然探索志愿者本身的影响也是不言而喻的。它有助于将社会中担任其他要职的人员塑造为保护海洋环境的倡导者、引领者。贾尼斯告诉我，有个志愿者此前一直致力于拯救老伦顿图书馆（Renton Library），而现在他想要把它改造成一个鲑鱼教育中心。

新加坡的气候及其沿海地区的特点与西雅图截然不同，这为我们提供了一个别样的视角。该国本土生物多样，沿海地区的海洋生物也延续了这种多样性，因此，这里的自然保护工作也变得越来越重要。20 世纪 60 年代，新加坡大肆开垦土地，开发海岸线，导致大量红树林和珊瑚礁消失，但有许多积极迹象表明，现在新加坡沿海地区的发展策略已改弦更张。2001 年，新加坡民众反对在仄爪哇湿地（Chek Jawa）进行土地开垦项目，这是一个关键转折点。乌敏岛（Palau Ubin）是新加坡东北部一个较大的岛屿，其湿地和潮间带拥有大量的海洋生物，包括牛角鲀（longhorn cowfish）、橙色海星、抗菌海绵、地毯海葵等。一旦实施土地开垦项目，这些生物多样化的栖息地就会逐渐消失。新加坡政府在这里建立了新的游客中心，修建了约一公里长的海上围栏栈道，有效的保留了这里原有的海洋生态环境，使海洋生物的多样性得以延续。仄爪哇湿地目前已成为广受游客欢迎的景点之一。

现在，由新加坡国家公园局（NParks）开发的漫步潮间带是最受游客欢迎的活动之一。人们可以在退潮时，近距离观察珍稀的海洋生物。“Wild Singapore”网站创始人 Ria Tan 倡导公民支持海洋保护。她认为，我们需要找到如何建立垂直城市[a]与神奇海洋生物的联系，这点至关重要。Ria Tan 说：“我坚信，人们一定要亲眼看到它、亲自品味它、感受它；待机成熟，人们就会坚持下去。”保护海洋生物 ，任重道远。目前，新加坡国家公园局正在开展一项海洋生物多样性全面调查，以便更好地了解海洋生物的现状以及未来发展的潜在威胁。人们也越来越意识到仄爪哇湿地生物多样性的重要性，这有利于该地区的进一步有序开发，所有开发项目都应避免对环境的破坏，否则将会面临公众抗议，甚至可能无法立项。

图 6-5 仄爪哇湿地，展示新加坡附近海域生态保护的窗口。
（图片来源：Ria Tan，http://www.wildsingapore.com）

a 垂直城市，按照建筑界的通俗解释，指一种能将城市要素包括居住、工作、生活、休闲、医疗、教育等一起装进一个建筑体里的巨型建筑类型。在“垂直城市”里，可以提供所有的城市功能。这种结构一般拥有庞大的体量、超高的容积率、惊人的高度、少量的占地和爆炸性的居住人群等特征。——译者注

加拿大的一些城市则采取不同的方式开展自然探索项目。他们没有培训志愿者，而是使用“城市生物包”。实际上这个“生物包”可以看作是一个微型指南，向游客展示了该地区可能发现的自然生物。埃德蒙顿的“城市生物包”就非常实用，“其中包含埃德蒙顿地区的生物信息、图片和实践活动指南，语言通俗易懂。生物多样性办公室可为各种团体定制远足生物工具包，提供指导，介绍如何开展活动，同时温馨提示需要携带的其他用品(如放大镜、画具套装等)。”[4]

设计“生物包”是为了帮助游客在参观城市公园时了解更多关于当地环境的信息。游客可根据这份指南探寻未知的世界（也许是某种奇特的声音亦或是某种独特的气味)。这不仅仅是个静态的自然指南，它非常注重与游客的多维互动。我们为什么不设计类似这样的海洋生物包，向人们提供城市海滩、海岸线生物栖息地和海洋公园的相关信息呢？如果真的付诸行动，这样的生物包在一些城市一定会非常受欢迎，例如在西雅图，人们能够看到退潮时大海所呈现的奇妙景观，再借助“生物包”加以了解，就可以与神秘的水下世界建立联系。

观鲸解说

人类对鲸鱼很着迷，所以观鲸是“吸引”城市居民关注海洋奇观最有效的方法之一，同时也会激发人们保护鲸鱼及其栖息地的欲望。许多鲸鱼的迁徙模式可以让人们在靠近城市的海岸线近距离观察到大量鲸鱼涌现的壮观景象。当然，观看鲸鱼可以采取多种形式，那些侵入式甚至侵略性的观鲸行为可能会危及鲸鱼的健康和生命，应当明令禁止。其实人们即使远距离观看，例如通过双筒望远镜从海岸观看鲸鱼，也一定会被一幅幅壮阔的画面所震撼，这同样极具教育意义。

在推广观鲸活动方面，历史最久、影响最大的莫过于名为“观鲸解说”的组织（Whale Watching Spoken Here，WWSH）。该组织在美国西北部运营了30多年，其基本理念是，培养公民对观赏鲸鱼的兴趣，通过他们的讲解帮助游客欣赏鲸鱼（特别是灰鲸）的魅力。该组织对志愿者进行免费培训。每年12月和3月是灰鲸迁徙高峰期，这段时间志愿者们会在沿海地区的24个观鲸站，从上午10点到下午1点为游客们讲解。目前这些志愿者由俄勒冈州公园和休闲娱乐部的工作人员负责组织协调，“观鲸解说”网站介绍：“许多受过培训的志愿者利用假期，帮助游客观赏和了解灰鲸。”显然，这些志愿者不仅包括当地居民，还包括美国各地前往该地观看鲸鱼的人们。[5]

当地酒店为观鲸志愿者提供折扣优惠，附近的州立公园营地也在观鲸季和训练期为志愿者提供免费露营。近年来，观鲸活动日益盛行，夏季也设立了类似观察季的时间节点，帮助前来观看鲸鱼的游客把握观鲸的最佳时间段。随着现代科学技术的不断进步，特别是传感器和电子标识跟踪系统的使用，即使对于那些不能踏上观看鲸鱼迁徙之旅的人们来说，也能通过一些科技手段欣赏到这一海洋生物奇观。

鲸鱼迁徙研究及其迁徙路径图有助于城市居民欣赏到神奇的海洋生物和令人神往的海底世界。太平洋食肉动物标记跟踪项目（Tagging of Pacific Predators，TOPP）跟踪了 21 个不同物种的运动模式和迁徙轨迹，绘制了一些关于鲸鱼、鲨鱼、金枪鱼和海鸟等物种的运动迁徙趣味地图。这些地图涵盖了不同物种的信息，有助于打破人们在视觉和心理上认为海洋环境空无一物的错觉。这些神奇的跟踪地图可以记录这些物种的旅行轨迹，这些轨迹通常离城市居民近在咫尺，尽管大多数人从未注意到。

海洋扫盲教育

美国沿海城市的普通居民，比如说，波士顿的居民，能识别区分露脊鲸、座头鲸和抹香鲸吗？这些城市居民是否知道露脊鲸的威胁来自哪里？他们对生活在离城市社区一箭之遥的鲜为人知的其他海洋生物又了解多少呢？遗憾的是，这些问题的答案很可能都是否定的。但是，如果我们将这些知识纳入学校课程，帮助城市居民了解海洋、海洋栖息地及其附近的生物，这似乎是完全可行的。

许多孩子很喜欢恐龙，这是个有趣的现象，有人可能立即就想到，有没有什么办法可以让孩子们对海洋生物和海洋生态系统同样感兴趣呢？毕竟，蓝鲸是已知的地球上现存体积最大的动物。其他鲸鱼及鲸类等大型生物难道没有恐龙那么大的魅力吗？不能获得与恐龙同等的关注吗？

图 6-6 太平洋食肉动物标记跟踪项目跟踪的一只南极公海象。（图片来源：加利福尼亚大学，丹尼尔·科斯塔、美国国家海洋和大气管理局，圣克鲁斯）

我们可以将海洋知识和海洋科学纳入科学课程体系，并通过实地考察、参加夏令营和海滩清理项目，创造更多的机会，让孩子们亲身参与。城市学校董事会可以组织协调这些活动。

在这方面，我们有一些很好的案例，例如莎拉·菲斯勒（Shara Fisler）建立的海洋开发研究所（Ocean Discovery Institute），总部设在圣迭戈。该研究所的“海洋科学探索者”计划通过各种课堂讲解和实地活动，针对教师和三至六年级学生开展海洋教育。该项目影响着成百上千的学生，特别是那些贫困社区的青少年。

另一个项目“海洋领导者”，针对的是年龄较大的孩子，被看作是“为初中生、高中生和大学生所开设的课外项目和暑期项目。”[6]该组织认为，通过参与该项目，学生不论是考试成绩还是学习表现都有所提高，这些社区升入大学的学生人数也不断增加。这似乎表明，与本书中的许多建议一样，这些项目在促进城市对海洋保护的同时，也有可能兼顾其他重要目标。

如何将海洋科学知识和海洋保护意识融入课堂，这是南希·卡鲁索（Nancy Caruso）的一个主要目标，她也是海洋教育领域的另一位引领者，管理着名为“收获灵感”（Get Inspired）的组织。他们的创新做法之一是通过开展“课堂上的海鲈鱼”这一课题帮助高中生们学习太平洋犬牙石首鱼（white sea bass）的相关知识，学生们将这些鱼照顾喂养到成年，然后把它们放回海中。南加州的亨廷顿海滩高中（Huntington Bean High School）已经展开这一项目。学生们积极参与鱼类喂养、观察它们的生长变化、测量鱼的大小、体重、了解它们的生物习性，最终将它们放回加利福尼亚海岸边的海水中。经过四个月的喂养，学生们对这些鱼的习性了如指掌。卡鲁索在接受当地公共广播公司（PBS）

下属机构的采访时谈到了帮助这些孩子们与海洋建立联系的意义："归根结底，我们所做的这一切就是为了让孩子们与海洋生物建立联系，为培养未来海洋管理人才做准备……孩子们会照顾这些鱼类，最终把它们看作生活的一部分。"

学生们在海岸边举行仪式，放生他们喂养的鱼。卡鲁索在最近的一次采访中告诉我，今年她的一些学生真的要去水下放生鲈鱼，"在海藻森林里，他们将学习如何潜水。"

12 年来，卡鲁索一直将这种方法应用于海洋知识的传播，通过在学校开展海鲈鱼计划及其他类似项目，比如喂养放养绿鲍鱼、种植海藻等，让多达 8000 名儿童参与其中。她的故事告诉我们，这些形成性经验能够激发人们对海洋的兴趣。但她目前还没有开展系统研究，评估这项工作的长期影响。该项目的独到之处是通过经验进行教学，尽可能让孩子们参与实际的科学体验，为他们提供与他人分享海洋知识的机会。卡鲁索告诉我，她和学生们每年都会组织海藻节，即巨型海藻森林庆祝活动，让学生们有机会与他人分享当地生态系统的相关知识，用他们的热情去感染身边的每一个人。

激发学生拥抱海洋世界的热情是卡鲁索工作的一个主要目标。她说："人们必须体验海洋，才能理解海洋，热爱海洋。"如果他们连爱什么都不知道，又如何爱呢？卡鲁索对海洋的热情是溢于言表的，这无疑是她成功的部分原因。利用有限的预算，通过丰田赞助的海鲈鱼计划，她自己（从零开始）设计，在高中使用循环鱼缸饲养海鲈鱼，并完成了这一项目。

随着教师不断改革教学方法，利用户外空间讲授科学知识和可持续发展理念，将户外教育体验融入小学教学的做法已变得越来越普遍。但我们仍然还有更多的工作要做，海洋元素在户外课程中的体现还远远不够。例如，旧金山联合学区（San Francisco Unified School District）已经启动了最具前瞻性的项目之一：校外教育小分队。该小分队是由刚毕业的大学生经过训练组成，他们在该地区参与校外教学两年，并获得一定的薪酬。在成立之初，小分队只有 10 名成员，2013—2014 学年已增加到 21 个。每个成员在特定学校开展工作，在绿草如茵的校园进行课程教学，指导教师如何将自然知识和园艺纳入课程（该地区共 120 所学校，其中 80 所学习都开设了这门课程）。

校外教育小分队的执行主任雅顿·巴克林－斯波勒（Arden Bucklin-Sporer）告诉我，这些孩子们生活在人口密集的城市，对户外体验感到无比好奇。在户外直接接触大自然，在花园里亲手种植花草，这些经历“完全是颠覆性的”。孩子们刚开始对泥土充满恐惧和不信任，然后在极短时间内会爱上它，爱上在土地上一系列的新奇发现，你很快就可以从孩子们身上看到这种变化。

除此之外，学校也会与其他公园和绿地相关机构联系，组织学生们参观学习。当然，学生们也可以近距离参观沿海地区的海洋景观。最近，某所学校组织学生参观了天使岛（Angel Island），大多数学生此前从未去过这个地方。这些像“校外教育小分队”的创新计划完全可以将学习海洋知识作为其组成部分。刚刚毕业的大学生对大自然充满好奇，他们也非常愿意教年幼的孩子们了解自然世界，这是个积极的迹象。巴克林-斯波勒告诉我，最初他们打算招募10名成员，却收到了250份简历，可见很多年轻人渴望在这些方面有所作为。只要方法适当，人类与海洋和水生世界的联系方式也是无限的，因为海洋本身就是个奇妙的生态系统。

休闲娱乐活动

尽管到目前为止，本章探讨的重点是通过教育建立人类与海洋之间的联系，但探索如何与海洋建立情感纽带还有其他更巧妙的方法。这些活动比此前讨论的活动更富创意。但总的来说，建立与海洋的联系这一过程充满乐趣，正因如此，蓝色城市主义才有可能成为主流理念。那些与海洋相伴的快乐时光，让人们希冀了解更多海洋知识的同时，也希望更好地保护这纷繁复杂的海洋生态系统。

图 6-7　新西兰惠灵顿岛湾海洋教育中心的触摸池经常被学生和家长们围绕着。（图片来源：蒂姆·比特利）

贝壳俱乐部和海滩淘沙

与海洋建立联系，进一步了解奇妙海洋世界的另一种方式是通过了解贝壳和收集贝壳。贝壳形状各异、斑驳绚丽，就如同五彩斑斓大自然的化身。许多人会在度假时随意收集贝壳，在海滩淘沙。我的家人也喜欢在佛罗里达海湾沿岸收集贝壳。一旦开始收集，人们就会陷入物我两忘的境地，有些人可以连续搜寻几个小时而不自知，特别是寻找那些玲珑剔透的蝴蝶状贝壳。贝壳的颜色也是千变万化的，黄色、棕色、紫色、粉红色，层次分明、色调各异。它们静静地躺在陈列柜中，却彰显着海底生命的美轮美奂和丰富多样。但也有一些组织和俱乐部采用更广泛的方式分享这种爱好，通过这些方式，城市居民可以更多地了解海洋，与海洋建立更加紧密的联系。

收集贝壳全凭喜好，无需知道任何关于贝壳的专业知识。但是，和许多事情一样，了解一点相关的专业知识会让这一过程变得更加有趣。布莱尔（Blair）和道恩·威瑟林顿（Dawn Witherington）所著的《佛罗里达海滨动植物》是目前最畅销的海滩指南之一。该书简洁易懂，配有大量贝壳和海洋生物的图片，这些生物你都有可能在海滩上找到。其中有一章题为《人类之手》，介绍了海洋中那些非自然的东西，例如废弃的渔具、火箭零部件、漂流的玩具等等。书的最后一部分则提出了一系列的“海滩任务”，那些出其不意的罕见发现，让孩子们和成人在海岸上流连忘返。作者认为，“珍稀罕见的物品可以引发人们传奇般的追寻，从此开启一生的海滩探险之旅。”[7] 作者也提出了自己的“任务”建议，涉猎广泛，包括根据指引探寻海龟足迹、收集鲨鱼牙齿等等。

圣迭戈自然历史博物馆（San Diego Natural History Museum）的几名志愿者投入大量时间，掌握了很多关于贝壳的知识。其中有位女士，卡罗尔·赫茨（Carole Herz），她没有任何医学或科学背景，在同行评审的期刊上发表了好几篇学术文章，介绍她在工作中新发现的软体动物物种，因此被亲切地称为“贝壳女神”。

《圣迭戈联合论坛报》（San Diego Union Tribune）援引赫茨的话告诉人们贝壳是如何吸引她进一步了解海洋生物学的："首先你会看到这些时而美丽、时而丑陋的有趣贝壳，然后你会对生活在里面的动物充满好奇，想知道它们是如何生活的，你就会开始阅读大量资料，慢慢就会上瘾。"[8]

图 6-8　收集贝壳开启了解奇妙海洋生物之旅。
（图片来源：蒂姆·比特利）

美国至少有25家贝壳俱乐部（分布在波特兰、圣迭戈和波士顿等城市），世界各地还有很多类似的贝壳俱乐部，分布在如悉尼、奥克兰、圣保罗和意大利那不勒斯等城市。他们经常与当地自然历史博物馆建立联系，如奥克兰贝壳俱乐部与奥克兰博物馆，圣迭戈贝壳俱乐部与圣迭戈自然历史博物馆联系密切。这里汇集了专业科学家（软体动物学家）、业余软体动物学家和贝壳爱好者。

有些贝壳俱乐部历史悠久。例如，奥克兰俱乐部成立于1931年；波士顿软体动物俱乐部则成立于1910年。[9]这些俱乐部通常是非营利组织，每年仅收取少量的会费。

通过贝壳收集和海滩淘沙与海洋世界建立联系，具有教育意义的同时也充满乐趣。人们可以和家人、朋友一起在海滩漫步、冲浪。通过这些方式，人们可以亲眼看到湛蓝的沿海水域和明净如洗的海滩，并会逐渐爱上海洋。在海滩上漫步，退潮时探索岩石缝隙间的奇妙世界，不啻于缓解城市压力的良方，同时也有助于我们思考，鼓励我们学习了解大海之外的世界。

划船、航海、冲浪、潜水

看着剑桥社区划船公司（Community Boating Inc. in Cambridge）的帆船和皮艇来往穿梭，我再次认识到价格亲民的船艇租赁是多么重要，这些船只加强了居民与地方水域的联系。划船和航海这些爱好让人终生受益，同时也有助于培养非常宝贵的城市海洋文化。

作为一家非营利性公司，社区划船公司在查尔斯河沿岸经营帆船学校和船艇租赁业务，成千上万的城市居民都可以以比较低廉的价格租赁使用船只。培养人们对水和航海的热爱，最佳时期是孩童时代。通过划船人们可以习得很多重要的技能，这是一项终身运动。夏天，10 到 18 岁的孩子只需一美元就可以无限次租赁帆船，参加航海课程培训。

该组织的口号是“每个人都可以在这里扬帆起航”。但运营成本往往是此类组织面临的一大挑战，因此，降低与这些以水为载体的活动费用是关键。我相信，如果发挥强大而高效的公共用途，划船和航海活动可以吸引资金，不断发展壮大。这些活动有助于城市居民意识到城市周围水环境的重要性，促使人们关心水环境的健康，进而与之建立密切联系。

现在，经美国帆船协会（U. S. Sailing Association）认可的“社区帆船中心”共有九个。另一个典型案例是密尔沃基帆船中心（Milwaukee Sailing Center），这也是一个非营利组织。该中心成立于 1977 年，最近新建了一座 6000 平方英尺、造价 164 万美元的“绿色”建筑，为 80 多艘帆船的船队提供教学场地和停放空间，令人印象深刻。该中心提供的课程主要面向 8 岁以上的儿童。该建筑采用地热加热制冷系统，并可以捕捉被动太阳能[a]，同时建有雨水花园，可以就地收集处理雨水。密尔沃基中心夏季提供 60—80 堂课程，冬季提供 25—30 堂课程。

在许多沿海城市，划船、划独木舟和划皮划艇成为越来越受人们欢迎的娱乐项目，这也要归功于一些组织和当地的其他非营利机构。在纽约市，像纽约市中心船屋（New York City Downtown Boathouse）这样的非营利组织为游客和居民免费提供皮划艇。市中心船屋在纽约市有三个点，市民可以免费体验 20 分钟皮划艇。哈德逊河周日也提供皮划艇课程和旅游导览。

图 6-9　在波士顿港扬帆起航可以重塑居民与海洋的联系。（图片来源：蒂姆·比特利）

a　被动式太阳能建筑就是通过建筑设计，使建筑在冬季充分利用太阳辐射热取暖，尽量减少通过维护结构及通风渗透而造成热损失；夏季尽量减少因太阳辐射及室内人员设备散热造成的热量，以不使用机械设备为前提，完全依靠加强建筑物的遮挡功能，通过建筑上的方法，达到室内环境舒适的环保型建筑。——译者注

当然，享受海洋乐趣的方式繁多，包括许多其他娱乐活动，例如潜水、浮潜、冲浪等，这些都可以让人们越来越关爱海洋世界。据消息人士称，全世界大约有2300万名冲浪者。[10] 潜水用品营销协会（Diving Equipment and Marketing Association，DEMA）的数据显示，全世界有多达600万活跃的业余潜水爱好者，大约有2000万名浮潜爱好者。[11] 国际专业潜水教练协会（Professional Association of Diving Instructors, PADI）[a] 报告称，全球有近100万名认证潜水员。[12] 数据表明，这些娱乐活动可以成为城市居民连接海洋的重要途径，不应被低估或忽视。这些娱乐活动会带来强烈的情感体验，让人终生难忘。这些情感、经历和记忆具有重大的教育意义，因此可能会让越来越多的人成为保护海洋世界的倡导者和捍卫者。

游轮上的海洋文化

从理论上讲，建立人们与海洋之间的联系，游轮具有很大的

---

a 国际专业潜水教练协会（PADI）创始于1966年，由Ralf Ericssion和John Cronin成立。他们基于教学的原则，设计出一套完整的教学系统，很快使潜水活动兴盛起来。PADI的总部设于美国加利福尼亚州的圣安娜，并在加拿大、日本、澳洲、新西兰、英国、瑞士、挪威、瑞典及新加坡等地均设有办事处。PADI的亚太地区管理机构是位于悉尼的PADI ASIA PACIFIC。大中华区管理机构注册地为中国深圳，办公地址位于中国北京。PADI在世界各地拥有25000名教练，每年约发出超过500000张的潜水执照，这使得PADI成为世界上最大的潜水训练机构。——译者注

潜力。但作为一个行业，其经营状况却步履维艰。这些船只实际上相当于一个小型城市，排放废水废气（例如氮氧化物），产生塑料和垃圾，对环境造成了相当严重的影响。[13]《西雅图时报》的记者罗斯·克莱因（Ross Klein）在文章中精辟地总结了游轮是如何破坏环境的："许多游轮破坏环境，劣迹斑斑，例如排放污水、倾倒固体废物、使用焚化炉……排放含油污水，而由于美国相关法规尚不完善，这些游轮污染环境后却往往能够规避惩罚。"[14]

乘客们怀着不同目标登上游轮，对游轮有着各种憧憬，但可能他们从未修习过任何关于海洋生物学的大学课程（虽然我相信至少有些人很喜欢这些课程）。游轮业将游轮定义为"功能齐全的船只"，冲浪池、行星仪、LED 电影屏幕、高尔夫模拟器、展示厨房等，一应俱全。船上还有自动平衡球桌、溜冰场和蹦极蹦床。[15]然而，游轮上的乘客是否有时间或意愿抬头看看游轮航行的广阔海洋及其周围的海洋环境呢？

让"远洋航行"回归对"海洋"的关注，在这方面我们取得了很多进展。荷美游轮（Holland America）与设在西雅图的海洋保护研究所（Marine Conservation Institute）建立了合作伙伴关系，为该航线定制了可持续海产品计划，并在游轮上放映一系列名为《奇妙海洋》的短片。这些短片将投放于该航线的 15 艘游轮。第一部短片主要向游客们介绍海洋生态与海洋保护，第二部则重点介绍了可持续海产品。这些视频制作精良，如果数千名乘坐荷美游轮的游客观看了这些视频，确实有可能带来改变，让他们产生新的认识。

图 6-10 让度假者有机会欣赏海洋奇观，游轮行业具有巨大潜力。（图片来源：蒂姆·比特利）

实际上，荷美游轮也是言行如一，承诺其船上仅提供可持续性海产品。针对网上列出的一些常见问题，该公司解释说，他们采购海鲜，主要是根据蒙特利湾水族馆的优质海鲜选购指南（Monterey Bay Aquarium's Seafood Watch），避免购买不可持续渔业所生产的产品。此外，游轮公司还为海洋科学的发展提供资金支持，为从事海洋科学和养护工作的年轻科学家提供赞助。[16]

有些游轮公司偶尔会利用港口停靠，提高游客对海洋环境的认识。几年前，保护国际[a]记录了游轮公司与海洋保护科学组织之间的一系列卓有成效的合作，组织游客以徒步旅行、短途旅行或其他方式参观港口城市，让游轮乘客更好地了解海洋。[17]

在选择游轮公司、预订行程时（全球有50多家游轮公司），我们可以引导游客或潜在的游轮客户更多地考虑游轮公司所采取的海洋保护措施，这也是一种潜在的手段。“海洋改变者”组织（Sea-Changers）总部设在英国，他们向消费者推荐那些注重保护环境，作出可持续性承诺的公司。他们鼓励游客在预订游轮前做一些功课，考虑如下一些问题，例如“游轮公司正在采取什么行动致力于海洋保护？”“他们的环保记录如何？”[18]即使游客选择一条未作出海洋环境保护承诺的游轮，也可以选择向“海洋改变者”组织捐款，以抵消乘坐游轮旅行对海洋环境产生的负面影响。

利用新技术建立与海洋之间的联系

日常生活中的技术创新，尤其是智能手机和计算机的使用，为生活在城市中的居民与广袤无垠的海洋世界之间建立新的联系

a　保护国际（Conservation International，简称CI）成立于1987年，是一个总部在美国华盛顿特区的国际性非营利环保组织，宗旨是保护地球上尚存的自然遗产和全球的生物多样性，并以此证明人类社会和自然是可以和谐相处的。保护国际通过科学技术、经济、政策影响和社区参与等多种方法保护热点地区的生物多样性。保护国际在全球四个大洲超过30个国家和地区开展工作。——译者注

提供了无限可能。我们生活在平板电脑和智能手机的时代，几乎一切都离不开应用软件或“应用程序”。如何才能更好地利用技术创新（用相对较低的成本），帮助我们建立与海洋之间的联系呢？

发展迅速、前景广阔的智能手机应用程序，可以帮助消费者了解保护海洋生物和栖息地的相关知识。例如，我在自己的手机上安装了一款应用程序——鲸鱼警讯。该程序实时追踪美国东北部海岸线附近的鲸鱼，显示在监测浮标附近发现鲸鱼的位置。对船主和船长而言，这款应用程序非常实用，它可以预警潜在的鲸鱼撞击，并指出船只何时必须降低速度，何时应该调整航向，避免经过特定的鲸鱼区。

澳大利亚西部城市奥尔巴尼（Albany）安装了水下网络摄像头，通过流媒体将近岸珊瑚礁附近的水域景观和鱼类在海中游来游去等奇妙视觉体验上传至网站。每个重要海域或港口城市都可以安装一个或多个类似这样的摄像设备。（像游隼在城市环境中筑巢一样，安装这些设施已经成为许多美国城市的共同选择。）

另一个创造性的想法是将一些水下独特的声音和画面传输给水面上的人们。例如，木星基金会（Jupiter Foundation）已安装了一系列浮标，通过水听器收集水下声音，特别是座头鲸的声音。

新技术还可帮助我们采取措施减少资源消耗，从而缓解海洋压力。例如，海洋保护协会的 Rippl 应用程序（也是我曾使用过的）每日的温馨提示会告诉人们如何减少能源消耗、节约水资源。蒙特利湾水族馆的优质海鲜选购指南应用程序也是一个典型的案例，它将优质海鲜选择卡上的商品信息发送至用户的智能手机上，非常便捷。

随着在室内的时间大大增加，人们在电脑屏幕前度过了大量的时间，这是现代生活的显著特征，也为我们提出了这样一个问题，即，如何在日常生活中建立与海洋世界的联系。一款以虚拟数码海洋为主题的游戏——“蓝色海洋”（theBlu）就是这样的一个案例，“蓝色海洋”是一款画面唯美的深海体验类游戏。用户可以身临其境，感受海洋的魅力，并可与游戏场景进行互动。虽然该游戏还处在测试阶段，但游戏画面精美，概念充满创意。游戏中包括体验这个“虚拟海洋”的线上用户，还有为该款游戏选择设计物种的艺术家。“蓝色海洋”试图“利用互联网建立一个连接全球的 3D 数字海洋，为人们带来沉浸式的游戏体验，寓教于乐。”[19]

“蓝色海洋”是否真的能够带来“沉浸式”体验，这一点还尚未可知，但像“蓝色海洋”这样的电脑游戏在提升人们海洋环境保护意识这方面所起的教育作用是不可否认的。该应用程序不仅提供了与海洋的虚拟联系，也成为民间组织筹集资金的一种方式。游戏用户会领养或购买自己喜欢的“海洋萌宠”，其中一定比例的利润会直接流向开发该程序的民间组织。

结论

正如我们在本章中所看到的，城市居民可以通过多种方式了解城市周围神奇的海洋生物并与之建立联系，最好能在幼儿时期就融入海洋世界。不过，不论是对儿童还是对成年人，与海洋的接触都会产生一种魔力，都有可能创造奇迹。海洋素养应被看作城市生活的一个重要组成部分，特别是对许多沿海城市而言。令人欣慰的是，人们可以很容易和家人一起感受海洋世界，例如参观水族馆，海滩漫步，还可以享受其他娱乐活动，例如航海或观鲸等。这些活动反映了人类与自然同在一个地球，迫切需要与其他生命形式之间建立联系，这种联系也提高了城市居民的生活质量。

城市可以鼓励居民积极参与这些活动，并在各个方面发挥作用，例如，为人们提供安全便捷的戏水场所，创造条件让人们体验海底生活等。当然，海洋景观生态系统相对脆弱，如果参观人数过多，可能会对其造成破坏。因此，蓝色城市应提供资金支持、合理规划，鼓励居民参加那些能让人类与海洋环境建立良性关系的活动。事实上，沿海城市的许多居民都非常擅长划船或游泳、浮潜或潜水，城市可以通过有效的方式鼓励这些活动，让居民们爱上海洋世界。也许有一天，活跃的帆船爱好者或潜水员在某个城市人口中的占比可能成为衡量蓝色城市主义参与度的一个关键指标。

改善水质和恢复城市附近水生生态环境将有助于消除人们对海洋的陌生感与恐惧感。在许多城市，如果一不小心掉入肮脏的港口水域，是需要前往最近医院急诊就医的。但在有些城市，如哥本哈根，随着当地的工业活动逐渐减少，人们在清理港口和改善港口水质方面取得了长足的进步，并设有公共游泳区。哥本哈根居民也因其清洁的海港水质而倍感自豪。

最后，蓝色城市主义议程中许多其他项目的实施需要广大民众的支持和强烈的政治意愿，这些在前几章中都有所提及，这将要求我们通过创新举措来鼓励个人爱好，让民众了解海洋、热爱海洋。

注释：

1. The Whale Tail is located a few feet away from the Route 250 bypass, and the Dairy Street Bridge, in the Greenbrier neighborhood of Charottesville.
2. MarineBio, “Worldwide Aquariums and Marine Life Centers,” http://marinebio.org/marine-aquariums asp.
3. National Aquarium, “Economic Impact,” http://www.aqua.org/press/-/

media/Files/Pressroom/National%20Aquarium_Economic%20Impact_AF.pdf.

4. "Biosphere Urban BioKit Edmonton," http://www.edmonton.ca/envirnmental/documents/Edmonton. BiokitLOW.pdf.
5. Oregon Parks and Recreation Department, Whale Watching Center, "Volunteering-Whale Watching Spoken Here," http://www.oregon.gov/oprd/PARKS/WhaleWatchingCenter.
6. See Ocean Discovery Institute, "Discover Ocean Leaders," http://aeandiscoveryinstitute.org/education-2/after-school-initiatives.
7. Blair and Dawn Witherington, *Florida's Living Beach: A Guide for the Curious Beachcomber* (Sarasota, FL: Pineapple Press, 2007), 308.
8. Deborah Sullivan Brennan, "Citizen Scientists Play Key Roles in Research," *San Diego Union Tribune*, December 10, 2012, http://m.utsandieg.com/mews/2012/dec/10/tp-citizen-scientists-play-key-roles-in-research.
9. Auckland Shell Club, http://nz_seashells.tripod.com.
10. See International Surfing Association, "Surfing Statistics," http://www.statisticbrain.com/surfing-statistics.
11. DEMA: The Diving Equipment and Marketing Association, "Fast Facts: Recreational Scuba Diving and Snorkeling," http://www.dema.org/associations/1017/files/Diving%20Fast%20Facts-2013.pdf.
12. PADI: Professional Association of Diving Instructors, "Worldwide Corporate Statistics 2013," http://www.padi.com/scuba/uploadedfiles/Scuba_-Do_not_use_this_folder_at_al/About_PADI/PADI_Statistics/2012%20WW%20Statistics.pdf.
13. According to Oceania, a ship of two to three thousand passengers can generate one thousand metric tons of waste in a single day. The cruise ship industry, while subject to international treaties such as MARPOL, has a terrible track record, with many stories of flagrant disregard for

marine environments.

14. Ross A. Klein, "Stop Rearranging Deck Chairs: Cruise Industry Needs Big Changes," *Seattle Times*, April 10, 2012, http://seattletimes.com/html/travel/2017948779_ webcruiseships11.html.
15. Florida-Caribbean Cruise Association, *Cruise Industry Overview—2011*, http://www.f-cca.com/downloads/2011-overview-book_Cruise%20Industry%20Overview%20and%20Statistics.pdf.
16. PRNewswire, "In Time for Earth Day 2012 Holland America Line Debuts Our Marvelous Oceans' Video Series in Partnership with Marine Conservation Institute," April 19, 2012, http://www.prnewswire.com/news-releases/in-time-for-earth-day-2012-holland-america-line-debuts-our-marvelous-oceans-video-series-in-partnership-with-marine-conservation-institute-148157305.html.
17. See Conservation International, *From Ship to Shore: Sustainable Stewardship in Cruise Destinations*, January 1, 2005, htttp://www.conservation.org/global/celb/Documents/from__ship_to-shore_eng.pdf.
18. Sea-Changers, "How to Help—Cruise Passengers," http://www.sea-changers.org.uk/how-to-help/how-to-help-for-cruise-passengers.
19. "Dive into theBlu," http://theblu.com/index.html.

第七章
连接海洋和城市的新思路

正如前一章所说，城市居民可以通过多种方式享受海洋带来的乐趣，直接感知海洋。观看鲸鱼，海滩淘沙，甚至登上游轮，都可以进一步了解海洋，加强与海洋世界的联系。此外，除了学校团体组织的娱乐活动或郊游活动之外，城市居民还可以参与海洋“公民科学”[a]项目，该项目在海洋和沿海地区修复方案中发挥着越来越重要的作用。海洋“公民科学”项目为业余科学爱好者直接参与海洋和沿海环境的研究与管理提供了有效途径。

招募的公民科学家经过培训后可以集中参与到科学问题的探索、新技术的研发以及最常见的数据收集与分析活动中来，从而

---

a 公民科学（Citizen Science），又称公众科学，描述的是公众和职业科学家之间的合作关系。通常，公众科学指的是公众成员参与收集、分类、记录或分析科学数据的项目。——译者注

“聚沙成塔”，帮助研究者解决先前无从下手的问题。这一做法具有双重价值，一方面通过一种非常务实的方式直接推动了科学进程，另一方面也将公民与其关注的资源、物种或栖息地联系起来。近年来，各个国家已经启动了多个公民科学项目，在科研资金和研究人员有限的情况下，公民科学家们在对海洋周围的生物多样性进行编目、监测和最终保护等工作中发挥着越来越重要的作用。

其中，公民科学家在海洋环境保护中发挥着尤为关键的作用，例如，他们曾参与跟踪美国东海岸北露脊鲸的迁移或监测海龟筑巢点。公民科学家需要快速学习，完成大量的跟踪监测工作，这一切都需要专业知识的支撑。对参与者来说，作为公民科学家还可以通过参与这些活动深刻地改变自身的生活方式，挖掘生命的深度。

有证据表明，参加以海洋为主题的公民科学项目可以令人心情愉悦，通过多种方式改善个人健康状况。我认为人类的日常生活原本就应与自然世界相连，这些项目有助于将参与者与自然联系起来，满足个人的基本情感需求。[1] 此外，这种体验可以构建新的社区群体，让人们共同致力于海洋保护，有助于克服个人孤独（而内心孤独是现代社会很多问题的症结所在），让人们变得更加活泼开朗。

这可能是实现蓝色城市主义伦理转向的最佳方式之一。针对

2010年澳大利亚维多利亚公民科学项目海洋探索参与者的一项调查研究有力证明了这些益处。在填写调查问卷时，参与者充分肯定了参与该项目的价值。这项研究的结论是："通过参与公民科学项目开展海洋探索活动，参与者与自然建立了紧密联系，这对他们的日常健康和福祉表现出积极的作用。参与的志愿者越来越多……人们产生了保护海洋环境的个人满足感和自豪感。"[2]

这类研究表明，公民科学具有双重价值：一方面，可以为科学研究提供数据，以多种方式为保护海洋环境的有关决策提供信息支撑；另一方面，使城市居民有机会与沿海地区及其周围的海洋环境进行亲密、深入的接触，让居民们意识到海洋环境保护的重要性，促使其关爱海洋环境，从而形成海洋友好型的行为模式，改变个体的生活方式。正如一些受访者所说的那样，这些项目可以培养人们对海洋的主人翁意识。[3]

海滩观察员项目（Beach Watchers）是在华盛顿州普吉特海湾海滩开展的公民科学和修复项目，该项目为我们提供了另一个范例，展示了如何开展公民科学项目。该项目始于1989年的岛县，现已拓展至普吉特海湾和大西雅图地区周围海滩，目前参与该项目的公民多达数百名。志愿者经过一小时的密集培训，学习声音科学、生物学以及相关的生物和生态系统知识。该计划由华盛顿州立大学负责推广，服务协调，现已在其周边所有七个县、市普及了声音科学的讲授。海滩观察员参与了一系列的海岸和海洋保护活动，包括清理捕捞围网、统计海鸟数量、教育宣传等。这个想法的灵感来自园艺大师计划，公民接受培训后，再回馈社区（参加至少100小时的志愿活动）。据所有志愿者反馈，海滩观察员项目卓有成效，惠及数千名公民，帮助他们进行各种深海研究，进而让人们对保护海洋环境产生强烈的使命感和责任感。

该项目官网的口号彰显了海滩观察员们的敬业精神："作为普吉特海湾附近的社区成员，我们致力于了解该区域的生物、景观及其他自然资源，从而更好地保护这一宝贵的自然遗产。"[4]

关注特定物种而非整个生态系统的项目也是公民科学项目的重要组成部分。美国鳗鱼（*Anguilla rostrata*）研究项目让我们进一步了解了连接海洋和陆地的有效方式。该物种的生物学特征堪称神奇，这些鳗鱼也被称为"玻璃"鳗鱼，出生在大西洋的马尾藻海[a]，经过孵化长成鱼苗，然后前往美国东海岸的淡水溪流，在这些淡水区域生活二十年左右的时间，逐渐成熟，最终回归到马尾藻海繁殖。它们的生命旅程跨越了遥远的空间距离，但同时也

---

a　马尾藻海（Sargasso Sea）位于北大西洋环流中心的美国东部海区，约有2000海里长、1000海里宽。海上大量漂浮的植物主要是由马尾藻组成，这种植物以大"木筏"的形式漂浮在大洋中，直接从海水中摄取养分，并通过分裂成片、再继续以独立生长的方式蔓延开来。厚厚的一层海藻铺在茫茫大海上，一派草原风光。马尾藻海一年四季风平浪静，洋流微弱，各个水层之间的海水几乎不发生混合，所以这里的浅水层的营养物质更新速度极慢，因而靠此为生的浮游生物也是少之又少，只有其他海区的1/3。这样一来，那些以浮游生物为食的大型鱼类和海兽几乎绝迹，即使有，也同其他海区的外形、颜色不同。——译者注

体现了其非凡的生物变化历程。

美国鳗鱼研究（American Eel Research）这一公民科学项目令人印象深刻，该项目吸引了许多高中生及社区的其他志愿者，他们在哈德逊河流域的 12 个采样点（使用“长袋网”）对玻璃鳗鱼进行日常监测。2012 年春季，在斯塔滕岛增设了第一个城市采样点。最近，关于斯塔滕岛采样的报道讲述了人们直接与这些奇妙的美国鳗鱼接触的全过程，揭开了该物种的神秘面纱。参加者中的一名 9 岁“童子军”成员说：“我喜欢看他们在海洋中长途跋涉的样子……想想就觉得刺激。这些小精灵就生活在这片水域，真是太不可思议了。”[5]

海豚观察——西澳大利亚珀斯

在西澳大利亚的珀斯，海豚在天鹅河－坎宁河[a]（Swan-Canning Rivers）游曳，该条河流位于印度洋与太平洋的交界处，这里的城市居民也在积极参与公民科学项目。负责管理该河流的政府机关天鹅河信托机构（Swan River Trust）结合默多克大学和科廷大学的科研需求，制定了河流守护者计划（River Guardians）。这个名为“海豚观察”的项目始于 2009 年，是近年

---

a 坎宁河（Swan-Canning Rivers）是天鹅河的一个主支流。坎宁河位于西澳大利亚州西南区。——译者注

来公民直接参与科学数据收集一系列做法之一。这种项目模式的优势是通过构建庞大的观察数据库，更好地了解海豚的行为和生物学特征，而目前我们对此依然知之甚少。玛尼·吉洛德（Marnie Giroud）代表信托机构负责该项目的运作。最近，我在珀斯与玛尼·吉洛德坐下来聊了聊，深入了解这一项目的工作流程。

珀斯现在大约有360名训练有素的海豚观察员。每个观察员都经过专业培训，了解海豚所处的生态环境和生物学特征，以及如何收集记录相关的观察数据（特别是海豚在哪里，正在做什么）。然后根据河流区域划分，收集数据并上传到该项目的网页上。这些数据有助于人们更准确地描绘海豚的生活轨迹和生物学特征。吉洛德解释道："我们获得了很多不同区域有关海豚的信息，这有助于我们建立轨迹图，了解海豚能够逆流而上游多远，而以前这方面的信息是完全缺失的。"这些数据还有助于科学家们更好地了解海豚所面临的威胁。2009年有6只海豚死亡，这一状况令人担忧，尽管有猜测说它们死于垃圾缠绕或病毒感染，但关于海豚的真正死因至今依然还是个谜团。

关注河流、放眼大海

相比其他的海洋动物，海豚更加聪明，因此"海豚观察"也在努力识别和命名每一只海豚，通过照片记录它们的背鳍，甚至在此基础上开发了所谓的"鳍书"。虽然吉洛德意识到对海豚过度人格化（over-anthropomorphizing）可能会带来一些问题，但她仍然认为，将这些动物人格化的确存在一定的价值。给某种生物赋予一张脸、一个名字，将提高其知名度，增强它们与珀斯居民的情感联系。

海豚通过这种方式进入大众视野，也是很有意义的。“人们确实对海豚充满怜悯之情，”她指出，“我们所面临的挑战是……如何通过将海豚塑造为河流保护的标志性物种，建立海豚与人类的联系。”吉洛德认为这种方式行之有效。“我们让很多此前对海豚不感兴趣的人们也参与进来。”

图 7-1　澳大利亚珀斯，海豚妈妈及其幼崽。
（图片来源：海豚观察员，玛尼·吉洛德）

这种对海豚的关注和亲密接触是否可以转化为对更大范围水生环境及其他海洋动物的关心与好奇，这是向蓝色城市转变面临的一个关键问题，因为这些动物并不像海豚那样充满魅力。吉洛德认为答案是肯定的。她认为，关爱海豚确实有助于人们建立与河流的情感纽带，引领城市居民关注可能此前从未关注过的更大范围的水生世界，并逐渐与之建立情感联系。“它让人们了解动物及其栖息地，感受人类与其他动物间不可分割的联系，意识到人类活动对动物栖息地带来的影响，思考人类对此能做些什么，如何改变自身的行为。”“海豚观察”只是“河流守护者”计划其中的一个子项目，该计划的终极目标是让人们了解更多的信息，希望人们采取行动、改变行为模式，应对河流系统面临的环境威胁，例如过度使用肥料等。吉洛德指出，让越来越多的人“更多地关注河流”，监测城市水生生态系统的使用情况和健康状况，建立公众的环保认识，这本身就颇具价值。

该项目两年内培训了 360 名志愿者。这在人口约 200 万的大都会地区，看似数量不多，但参与者倾情投入、充满热情。吉洛德指出，许多观察员号召朋友、同事一起参与，不断扩大影响力。例如，其中某个海豚观察员是个皮划艇爱好者，现在她吸引了其他皮划艇爱好者与她一起寻找海豚。该项目也寻求了一些合作伙伴，如当地的游艇俱乐部（皇家珀斯游艇俱乐部）、当地河流游轮公司和港务局等，这些水上合作机构的成员和员工现在都在密切关注海豚。

弗里曼特尔港[a]对海豚而言意义非凡，这里是天鹅河和印度洋的交汇地带。科学家们发现海豚喜欢聚集在这里活动交流。也就是在这里，乘坐从弗里曼特尔到珀斯列车的旅客几乎每天都可以看到车窗外海豚嬉戏追逐的画面。然而，像这样天然形成的观测点实属罕见，想要在其他地方通过更便捷的方式，让人们一睹海洋大使的风采仍然是一个挑战。因此，我建议可以通过摄像机记录海豚的活动，然后将海豚的实时图像（或声音）投射到珀斯市中心的办公大楼（或者人们的智能手机上）。这些画面可能有助于缓解人们因长时间身处与自然环境脱节的现代办公环境所带来的压力，同时也提醒珀斯市民有机会去追寻这些海豚的踪迹。对此，玛尼·吉洛德非常赞同。

2012 年 6 月，一只名叫 Gizmo 的海豚幼崽被渔网缠绕，险象环生。此时，海豚观察员的价值便得到了充分的体现。吉洛德的观察员发现了这个问题，并协助策划对其进行救援。他们监测着海豚幼崽与其母亲图帕克的动向，但四次营救尝试均以失败告终，最后，经过一番努力，珀斯水上警察成功抓住了海豚幼崽，将它从渔网中解救出来。

---

a 弗里曼特尔（Fremantle）在珀斯市西南 19 公里处，建于 1892 年的弗里曼特尔是天鹅河的出海口，也是珀斯的卫星城和重要港口，更是一座历史名城，目前是珀斯的著名观光胜地，人口 3 万。港口有巨大船坞和机械化小麦装载设备。有石油炼制、面粉、化肥、汽车装配、制革等工业，亦为重要渔港。——译者注

虽然当时缠绕的渔网几乎嵌入了海豚幼崽的背鳍，但它现在似乎恢复得很好。媒体对救援行动的报道援引了高级警官布鲁斯·罗杰斯（Bruce Rodgers）的话："往（水）下看，你可以看到海豚幼崽在拼命挣扎，但作为一个人，你却什么也做不了。"确实，很多时候我们会感到无能为力。

表格 7-1：拯救 Gizmo

在澳大利亚西部的珀斯，拯救被渔网缠住的小海豚备受关注。整个营救过程令人揪心，但这同时也从侧面证明了城市居民对海洋生物的兴趣和关心。水上警察发布的文章详细描述了他们是如何拯救Gizmo，并移除它身上缠绕的鱼线的：

今天早上 8 时许，水上警察高级警官布鲁斯·罗杰斯发现一群海豚在河中游来游去。他站在码头上，想看看其中有没有受伤的海豚。忽然，在码头下他看到 Gizmo 拖着一张渔网，渔网缠绕在它的背鳍周围，混杂着一部分绳子和一大堆海藻。

高级警官罗杰斯和两名水上警察潜水员乘坐一艘硬式充气艇，很快找到了 Gizmo。他们到达洛基湾东部的弗里曼特尔地区，潜水员潜入水中，却无法抓住 Gizmo。

他们的充气艇紧随 Gizmo 和它的妈妈，沿着河到达距离天鹅游艇俱乐部离岸约 100 米处。潜水员看到 Gizmo，旋即跳入水中。而 Gizmo 和它的妈妈图帕克则游到潜水员身下。

警察布洛迪·贝克（Brody Baker）继续下潜，设法抓住这个小东西，把他带到水面上。高级警官格伦·博特（Glenn Bott）帮助贝克

（待续）

（续）

<table><tr><td>
警官，立即剪断渔网，将 Gizmo 解救出来，他们一度担心 Gizmo 会从他们手中游走。

在营救过程中，图帕克三次试图抓住 Gizmo 的尾巴，想把它从潜水员的手中拉回来。意识到潜水员正在帮助 Gizmo，图帕克慢慢平静下来，潜水员设法带她游至齐腰深的水中。

不久之后，环境保护署的一名工作人员协助警方将 Gizmo 放在担架上，安排珀斯动物园的兽医对它进行救治。待伤势好转，Gizmo 被第一时间放回海中，回到母亲的怀抱。
</td></tr></table>

治愈海湾

另一个案例是由南加州组织的“治愈海湾”行动（Heal the Bay）。该项目始于 2011 年，是一个名为海洋保护区观察（MPA Watch）组织的小型试点项目。志愿者参加的培训涵盖两部分，包括课堂培训和实地培训。随后，他们游走在马利布（Malibu）和帕洛斯弗德斯（Palos Verdes）的海滩上，对海滩上的人们进行调查访谈，记录他们所观察到的人们在海洋保护区附近参与的保护海滩及海洋活动。活动主要分为两大类：“消费类”（例如捕鱼）和“非消费类”（例如游泳或观看野生动物）。很多环保组织会与潜水员合作，收集水下物种健康状况的相关信息，而“治愈海湾”则有所不同，他们注意到有关人们如何使用海洋“资源”的数据相对缺乏，同时，他们也希望不具备潜水员资格的普通人也能参与其中，收集有意义的数据。该组织希望通过收集关于人们如何使用新的海洋保护区“资源”的信息，帮助保护区的管理人员了解相关情况。[6]

参与公民科学项目并不一定需要经过特殊的培训，也可以通过众包的形式，Redmap（全称是 Range Extension Database and Mapping Project）就是这样的一个案例。该项目鼓励市民拍摄在当地不常见的生物照片，并上传到该项目的网站上。随后，这些照片由海洋科学家审查核实，对该物种进行正确识别，确认它是当地的常见物种还是罕见物种。[7]该项目由塔斯马尼亚海洋及南极研究所（Institute for Marine and Antarctic Studies，IMAS）的格蕾塔·佩克（Gretta Pecl）博士发起，其目标是监测不断上升的海洋温度是如何改变生物模式和分布的。

该项目虽然始于塔斯马尼亚，但目前已扩展至澳大利亚其他地区。浏览澳大利亚 Redmap 网站，你可以看到一幅幅美轮美奂的海洋生物图片。例如，由潜水员在水下拍摄的斑马鱼和长脊柱海胆等物种的照片，以及渔民在水面上拍摄的黄色无鳔石首鱼和海豚鱼等物种的照片。澳大利亚有 300 多万居民定期捕鱼、划船和潜水，这意味着有许多双潜在的眼睛，可以收集大量的影像数据，监测记录这些变化。

在美国，许多沿海居民参与了寻找鲸鱼、监测鲸鱼的行动。其中最重要的目标之一是为了更好地了解北露脊鲸的生物学特征以及他们目前面临的威胁。沿着美国东海岸，每年大约有 400 头北部露脊鲸从加拿大水域迁徙到乔治亚州和佛罗里达州北部海岸附近的生育地。

沿着佛罗里达州海岸，800 名志愿者组成网络，监测着这些北部露脊鲸的踪迹，报告他们从船只或阳台上看到的情况。非营利组织海洋资源委员会（Marine Resources Council）总部设在佛罗里达州墨尔本（Melbourne，Florida），自 20 世纪 90 年代中期以来一直开展北大西洋露脊鲸计划。该计划的一个关键组成部分就是北部露脊鲸志愿者目击网络。每年的 12 月和 1 月，该委员会的工作人员为志愿观察员举办一系列培训讲座。居民们可以通过多种方式“寻找”鲸鱼，甚至可以从他们居住的沿海高层公寓上进行观测。此外，该委员会还设立了专门的热线，用于报告发现露脊鲸的位置，这为渔民们提供了很多重要信息，例如鲸鱼的位置等，这样就可以有效防止渔船撞击鲸鱼。[8]

我最近采访了朱莉·阿尔伯特（Julie Albert），朱莉从事北大西洋露脊鲸项目协调员工作已经 15 年了。每年秋天，她都会为那些有志成为鲸鱼监测员的人们提供一系列培训课程。她还与当地学校取得联系，为大型学校团体和科学俱乐部举办有关露脊鲸的讲座。事实上，露脊鲸迁徙时离海岸很近，而许多参与者都住在临海的高层公寓里，这为居民参与其中创造了理想条件。阿尔伯特谈到了观测和监测鲸鱼的重要科学价值，列举了一些居民发现露脊鲸的典型案例，例如有记录以来唯一一次在夏天看到露脊鲸的记录就是志愿观察员发现的。通过开展此类项目可以产生大量的宝贵数据，可为解决重要的海洋管理问题提供参考，而这些数据很难通过其他方式收集。该项目带来的影响还远不止于此，参与该项目还会给参与者带来许多其他的益处，例如改善个人的健康状况，提升幸福指数等。

阿尔伯特谈到了她在鲸鱼监测中感受到的同志情谊以及退休人员经常重新找回曾经拥有的目标感和对自己所做贡献的自豪感。“我认为人们肯定能够意识到自己所做的贡献，同时，知道有许多志同道合的人和他们一样，为着共同的目标而努力，这种感受也是非常重要的。”只有亲自参与，“才能感受到自己所做事情的重要意义。每当他们去海滩，站在那里与其他几十个志愿者一起看到鲸鱼，都会兴奋地指着鲸鱼大声惊呼，这样的场景，会时不时闪现在他们的脑海中。”

阿尔伯特还采用了一个巧妙的方法让居民参与其中，即使用“语音信息广播系统”。一旦某个志愿者完成了监测培训，阿尔伯特会将此人的电话号码加入该系统，当某个志愿者发现鲸鱼时，网络上的每个人都会收到提示信息，这样他们实时看到鲸鱼的机会也自然会增加很多。

海洋修复：依赖于关心海洋的城市居民

除了参与数据收集，许多项目还组织居民亲自参与海洋修复工作。在澳大利亚和其他一些地方，有组织的志愿者每周都会出现在海滩和沿海地区。例如，澳大利亚首创的土地保护模式卓有成效，借鉴该模式，澳大利亚继续开展其海岸养护活动，志愿者们定期清除入侵物种，捡拾海滩垃圾，种植树木和其他本地植物。目前在澳大利亚各地大约有2000个海岸养护组织。

此外，修复活动也可以采用其他方式。纽约长岛东岸的索思霍尔德水产养殖培训项目（Southold Project in Aquaculture Training，SPAT），亦被称为“基于社区的贝类恢复计划”，这个项目非常有趣，广受当地居民的喜爱。该项目始于二十多年前，居民们开始参与牡蛎、蛤蚌和扇贝的养殖。增加这些贝类种群有助于净化水质，恢复沿海地区溪流和海湾的生态环境。据估计，每年有400多名居民参加，志愿工作时长总计约6000小时。[9]

索思霍尔德水产养殖培训项目对志愿者进行培训，帮助他们学习掌握水产养殖的基本知识，（无论是通过实体的海岸线“贝类花园”还是通过社区的贝类网站）为他们提供养殖贝类必要的用品和工具。索思霍尔德的孵化场和育苗场为这些贝类养殖提供种苗。志愿者除了推广贝类养殖的相关知识外，还提供许多其他的技术支持，例如帮助居民们建造育苗场和微藻培养池等。志愿者们一方面是希望改善贝类的栖息环境、恢复贝类种群、提高水质，但同时也有一点点私心。他们所养殖的贝类一半必须投放到野生环境中，而另一半则可以留下来自己享用。

居民们各显其能，享受海岸乐趣的方式也不一而足，我们完全可以根据不同特点采取创新的方法开展修复工作。鼓励居民们积极参加潜水社团就是其中的一种，类似的相关案例还有很多，让人印象深刻。例如数百名志愿潜水人员参与修复南加州海岸外的巨型海藻森林，就是其中一个有趣的例子。

在加州护水者联盟（包括洛杉矶护水者联盟）的支持下，南加州海藻工程（Kelp Project）自 1997 年以来一直致力于开展宣传教育，帮助恢复这些沿岸地区的“海藻森林”。由美国国家海洋和大气管理局资助，这项工作需要大量潜水员的参与，这些潜水员必须获得相关机构的救助资格认证。由于食肉动物数量减少，海胆的数量大幅增加，许多水下工作的主要任务是收集这些海胆，进行重新安置。海藻工程还鼓励志愿者们种植新的海藻，其中许多海藻就是由当地学校种植的，这也是该计划的另一个重要组成部分。

正如一份海藻工程报告中所指出的那样：“海藻工程中的潜水项目效果显著；志愿者们的反馈表明，人们对其参与修复的海洋栖息地越来越有主人翁意识，这也增进了人们对新种植的海藻森林的赋权感、认识度和关注度。”

巨大的海藻森林坐落在洛杉矶近海，离洛杉矶市中心和摩天大楼只有一步之遥，摩天大楼是这座大都市建筑的显著特征。但从自然生态平衡的角度来看，这些海藻森林也是城市不可或缺的一部分，它们形成了浓密的“树冠”，就像陆地上的森林一样，为约 800 种海洋生物提供栖息地。但还有许多洛杉矶市民甚至不知道海藻森林的存在，因此，组织该地区的学校团体等各个单位进行参观学习也是至关重要的。

海岸守护者联盟（Coastkeeper Alliance）对海藻工程的评价比较中肯，认为该项目是“基于社区恢复法”的典范。“基于社区恢复法”也是解决许多蓝色城市所面临挑战的有效方法之一。该项目让志愿者直接参与到海洋资源的修复中来。同时，还邀请儿童和教师参与一些关于附近海洋生态系统的大规模教育宣传活动，在普及修复和保护海洋环境相关知识的同时也获得了社区居民的情感支持。当然这个计划也并非面面俱到，我们同时也应该注意到，在洛杉矶地区潜水员的帮助下，人们在教室里种植了海藻，却因其过于娇嫩而在野外很快就被吃掉了，显然这一做法还是值得商榷的。

图 7-2　洛杉矶海岸的巨型海藻修复项目（图片来源：汤姆・博伊德）

虽然广义的海岸守护者联盟项目已于 2007 年正式结束，但人们普遍认为这个项目卓有成效，类似恢复海藻的努力仍在继续，特别是洛杉矶护水者联盟的相关工作仍在开展（其前身是圣塔莫尼卡海湾守护者）。大约 100 名潜水员组成了志愿者网络，每周组织两次海藻修复潜水之旅。

洛杉矶护水者联盟的布莱恩・梅（Brian 缪克斯）负责该项目的组织协调。在一次采访中，他侃侃而谈，细数了这一项目为恢复独特的海洋生态系统所做出的贡献，以及为参与其中的志愿者们所带来的益处。他谈到了业余潜水员也希望做一些对海洋有益的事情，同时也获得某种形式的回报。缪克斯说有时候会出现潜水员志愿者人员短缺的情况，所以他想进一步联系当地的潜水俱乐部。通过发表演讲和散发传单，招募更多的志愿者，目前看来效果不错。他说：“潜水员开始把它看作是一种有目的的潜水方式。”缪克斯同时还强调了参与其中会让潜水员逐步形成团队意识。在这个过程中，人们开始真正相互了解，彼此之间建立了深厚的友谊，而这似乎只是冰山一角，追求具有某种重要意义的宏大目标则具有更强大的吸引力。“当人们真正沉浸其中时，”缪克斯解释说，“他们会把自己看作某种使命的一部分，一种旨在保护海洋、超越自我的使命。”

然而，正如缪克斯所指出的那样，这项水下作业并没有那么简单，人们总是担心存在一定的安全隐患。潜水本身就有很大的风险，而现在又增加了其他的危险因素。“我们给水下的志愿者分配任务，这会分散他们的注意力，干扰他们的正常潜水。……他们需要潜入海底，手拿 4 磅重的工具，这会改变浮力，他们要沿着既定的方向，跟上其他伙伴，在耗尽氧气前完成工作。”这不是一项轻而易举的任务，但却让人充满成就感。

诸如洛杉矶护水者联盟这样团体的工作仍在继续，最近得益于圣莫尼卡湾恢复基金会（Santa Monica Bay Restoration Foundation）支持，以及蒙特罗斯公司（Montrose）提供的援助资金（这笔资金实际上是该公司因直接向海洋中倾倒杀虫剂，须缴纳的用于补偿海洋环境污染的费用），海藻森林恢复工作进展较快，特别是在帕洛斯弗德斯半岛（Palos Verdes Peninsula）。

令人惊讶的是，这些神奇的巨型海藻森林离美国最大的城市只有几米远，而大多数人却对这里的海洋奇迹和生物多样性知之甚少。正如缪克斯所说，当他做演讲时，看到人们关于海藻森林的知识匮乏，他经常感到震惊。“很多洛杉矶人甚至不知道海藻森林在哪里，更不用说了解海藻森林是什么了。”他们甚至缺乏基本的常识，但缪克斯希望随着时间的推移，居民们不仅仅只是了解这些奇迹，并能够以此为荣。只要心怀这样的愿景，即使这些监测恢复海藻森林的行为现在看似微不足道，但实则意义深远，这些行动为在不远的将来实现这一愿景奠定了坚实的基础。

蓝色星球之家园和学校

还有一些创造性的方法可以更好地将我们生活、工作和学习的有形场所，例如房屋、公寓、办公室和学校等直接与海洋和海洋环境联系起来。这些做法即使在非沿海地区的城市和郊区也同样奏效。如前所述，现代生活中城市对径流和排放的处理方式对海洋环境产生了深远影响。绿色建筑项目及其认证系统逐步兴起，例如美国绿色建筑委员会（US Green Building Council）发起了LEED认证系统[a]和“生态建筑挑战”（Living Building

a LEED（Leadership in Energy and Environmental Design）认证是一个评价绿色建筑的工具。LEED由美国绿色建筑协会建立并于2003年开始推行，在美国部分州和一些国家已被列为法定强制标准。——译者注

Challenge），这意味着城市建筑设计的方式方法已然发生了转变，这也鼓励建筑师和开发商将建筑视为更大生态系统的组成部分。

我对“蓝色海洋家庭认证系统”这个想法颇感兴趣，该系统可能会考量人们是如何对待房子和花园的，并将其与海洋环境联系起来。例如，是否在自家的草坪上使用杀虫剂，或是否采用更节能的照明系统。非营利项目伊丽莎白河工程（Elizabeth River Project）启动的“河流之星家庭”（River Star Homes）计划也采用了类似的模式，该计划致力于恢复重建流经弗吉尼亚州多个城市而被严重污染的河流。如果经过诺福克（Norfolk）等城市的居民区，你一定会注意到河流之星家庭的院子里迎风飘扬的独特旗帜。这些美丽的蓝色旗帜无不彰显着该地区约 1300 个家庭的自豪感，这里的居民切实采取行动，力图保护切萨皮克湾（Chesapeake Bay）的水质。具体而言，该计划要求业主承诺履行七个“简单步骤”，包括减少肥料的使用，合理收集宠物粪便，船只在适当的地方排水等（见表格 7-2）。当地居民的承诺和飘扬的旗帜是否能够切实改变人们的行为模式还尚未可知，但该计划受到了当地人的欢迎，提高了“蓝色城市”的知名度，让人们更加关注周围的河流和切萨皮克湾的水生环境。

该计划已扩展到各个企、事业单位，特别是学校，这点也是让人印象深刻。现在大约有 140 所河流之星学校，学生们亲身参与河流恢复的各项活动，例如2011–2012年期间举办的“牡蛎园、蝴蝶花园、百花草甸、垃圾清理、生态艺术、循环再利用、水质监测以及认识野生动植物等活动”。在伊丽莎白河流域的这些学校就读的约26000多名学生参加了这些活动，这些做法的潜在影响力以及与学校合作的价值可见一斑。

表格 7–2：成为河流之星家庭：只需要完成以下的“7 个简单步骤”[7]

1. 做狗狗的“铲屎官”。宠物排泄物冲入河水中，带入水中的细菌会增加游泳的风险。
2. 减少草坪中肥料的使用。草坪过度施肥会导致藻类大量繁殖，让河流中的生命窒息而亡。
3. 保护雨水排水系统，避免草屑、树叶和油污流入河中。雨水排水系统通向河流，即使是普通的树叶也会让河水营养过剩，危害河流生命。
4. 不要将油污倒入水槽。将油污倒入厨房水槽会导致下水道堵塞，同时下水道溢出物也会在未经处理的情况下直接流入河中。
5. 不要投喂鹅群，让它们去往别处。大量的鹅群意味着河中的粪便增多，增加游泳的风险。
6. 采用适当的设施处理船只污水。当船只将污水直接倾倒进河水，也会增加河流中游泳的风险。
7. 不要将药物直接冲入下水道。目前的处理设施不能从污水中分解药物。应采用安全的处理方法，不要直接扔入河水中。

信息来源：伊丽莎白河工程，http://www.elizabethriver.org

城市赞助支持海洋研究

除了鼓励非政府组织和个人参与海洋保护的模式外，城市政府还可以提供资金及配套设施，引导支持对海洋生态环境和相关问题的研究。或许可以把研究的重点放在那些离城市不远的栖息地上，我们必须认识到，近岸环境与更大的系统性海洋管理甚至数千公里外的栖息地息息相关。像迈阿密、波士顿或洛杉矶这样的城市应该拥有一艘或多艘专属潜水器，定期开展海洋探索，在发现海洋奥秘的同时也可以让人们看到政府保护环境的切实举措。

蓝色城市可对基础设施进行投资，长期支持海洋研究和海洋勘探，例如建造一艘或多艘城市专属的远洋研究船、市政潜水器、海洋实验室或其他辅助研究的基础设施。可以说，这些设施与其他传统的城市基础设施同等重要。

即使不直接开展海洋考察，蓝色城市也可以通过财政和其他渠道支持相关考察，因为目前这些考察通常面临着资金不足、资源匮乏、研究区域受限等困境。即使获得有限的财政扶持，这些考察也可以带来很多新发现，取得卓越成就。绿色和平组织（Greenpeace）最近对北冰洋进行了一次考察，尽管资源有限，利用一艘科考船就获取了很多关于北冰洋水下生命的珍贵图片，这些图片令人惊叹，也让人们对那里的生物有了更加直观的了解。为了更好地理解城市对海洋环境的影响，进一步优化管理，蓝色城市必须认识到数据收集、知识生成和开展研究的重要性。

沿海城市如果能做出正确的选择并对资源善加利用，往往就有足够的能力和财力研究城市周围显著的海洋生物多样性。新加坡已经开始这样做了，其做法堪称楷模，为其他沿海城市和地区树立了榜样。该国目前正在进行一项为期五年，由政府、大学和企业共同参与的海洋生物多样性综合调查（Comprehensive Marine Biodiversity Survey，CMBS），数百名志愿者参与其中。[10] 这一举措是为了评估新加坡周围海岸和水域的海洋生物。到目前为止，该调查已经完成了两次探险，即为期三周的南礁和海底探险（包括夜间暗礁潜水）。

新加坡海洋生物多样性综合调查已经收集了30,000个样本，确定了14个潜在的海洋新物种，包括新发现的一种“口红”海葵和红树林橙爪螃蟹等。[11] 其结果不仅具有重要的规划和管理意义，而且具有重大的教育价值，同时也让人们进一步领略了海洋世界的神奇与魅力。

蓝色城市可以通过不同方式发挥领导作用：与大学、科学组织和非营利组织合作，组织协调短途或长途的海洋考察；为这些考察提供资金支持；将调查结果和所获得的知识纳入城市规划、政策制定和教育方案。事实上，若能对考察的能力进行

图 7-3　加利福尼亚州科德尔海岸国家海洋保护区（Cordell Bank National Marine Sanctuary），德尔塔潜水器正在准备 85 米潜水。（图片来源：国家海洋渔业局 / 西南渔业科学中心和美国国家海洋和大气管理局，安德森）

长期持续的投资，效果可能更好。沿海城市是否能够将投资运营一艘或多艘科考船作为城市基础设施建设的一个重要组成部分呢?

海洋姐妹城市的前景

沿海城市可以采取其他更直接的举措，支持近海和远洋海洋生物和海洋环境研究。这也可能带来无限创意。例如，每一个美国城市都有一个或多个姐妹城市，也许类似的机制也可应用于海洋生物环境的保护工作，当然这需要我们发挥创造性。城市可以对特定的海洋区域或某些海洋生物所处的水生环境负责，在这种情况下，海洋不是由人类独占的资源，而是人类与鲸鱼、海豚和无脊椎动物等海洋居民共享的，这些海洋居民就如同人类姐妹城市关系中的居民一样。

体现这种富有成效的姐妹关系，我们可以设想一些做法。也许某个城市可以选择一个特定的海山，或热液喷口，或水下裂谷。然后我们就可以将一般意义上的姐妹城市扶持活动运用于这些海洋区域，包括如何更多地了解该片区域，增进理解，提供援助，给出建议，建立长期的管理机制，了解海洋栖息地的特点或功能，甚至可以组织实地参观和访问。例如，波士顿可能会选择与新英格兰海山（New England Seamounts）结对；迈阿密则可以选择与大流星平顶海山（Greater Meteor Tablemount）结对。又如，美国东海岸的其他城市可能会选择马尾藻海，马尾藻海是个异常平静的海洋区域，那里有著名的漂浮海藻床，事实证明，这里也是小海龟的重要觅食场。

我们也可以采用传统的做法，城市与其他社区和组织结对，无论距离远近，开展海洋保护项目，共同制定方案。城市政府可以为积极活跃的海洋保护团体提供有力的财政扶持、技术支持和其他帮助。

也许在某些情况下，城市也可以赞助或资助志愿者参加海洋保护工作。最近，在太平洋设立的鲨鱼保护区就是一个这样的例子，该保护区面积达200万平方英里，包括帕劳（Palau）、关岛（Guam）和马绍尔群岛（Marshall Islands）。太平洋岛屿保护倡议（Pacific Islands Conservation Initiative）的志愿协调员杰西卡·克兰普（Jessica Cramp）在促成保护区成立方面发挥了关键作用。她的努力获得了当地渔民的认可和广泛支持。正如她在《纽约时报》的一篇文章中所说，条例的起草得到了一名美国律师的无偿援助。志愿者虽然人数有限，但只要同心协力，也可以有一番作为。城市政府完全可以与类似太平洋岛屿保护倡议这样的组织进行有效合作并为他们提供支持（甚至可以帮助筹建这样的组织）。

此外，众包和众筹的出现也为与海洋建立联系提供了重要的契机，人们可以为生活在与海洋项目相隔数百甚至数千英里之外寻求帮助的人们筹集资金，提供支持。这是一种创新的方式，也是与遥远而隐蔽的海洋生物建立情感联系的潜在手段。

为海洋保护项目提供众筹的例子业已存在：例如资助加拉帕戈斯[a]保护的蓝色希望工程（Project Blue Hope）。众筹也可用来资助科学家进行科学研究考察、支持记者和摄影师的工作。

a 加拉帕戈斯（Galapagos），面积为8010平方公里，海洋保护区为13300平方公里，位于东太平洋和三大洋流的交汇处，以拥有巨龟等珍奇动植物而闻名，被称为“活的生物进化博物馆”和“海洋生物的大熔炉”。1978年，它被联合国教科文组织宣布为“世界自然遗产”。——译者注

“Emphas.is”是一个专门用于资助摄影工作的网站，其价值可以从最近的一个例子中显现出来，该网站通过资助摄影之旅，向人们讲述了如何成功保护黑海龟的故事。

人们愿意为此类众筹项目捐款，这种现象非常有趣，也许这与我们投资或购买其他产品的方式大不相同，但它确实有着别样的吸引力。人们对此种方式感兴趣，这可能会带来新的希望，从而成为连接城市与海洋的手段，以及海洋保护项目的有力支持。

结论

城市必须更加创造性地思考如何支持海洋的养护和保护。从建立海洋姐妹城市到支持市政赞助的考察研究，城市需要主动克服城市生命和海洋生命之间存在的物理隔阂和（深层次的）情感鸿沟。城市能够而且也必须发挥领导作用，让人们了解海洋目前的状况和面临的威胁。当然，城市支持海洋保护和养护的方式也可以是多种多样的。

正如本章中的事例所表明的那样，城市居民可以通过多种方式直接参与海洋相关的科学研究以及海洋环境的恢复工作。例如，通过海滩观察员计划，人们可以先接受培训，然后再回馈社会，也可以通过寻找其他方法充分利用志愿者们专业的潜水技能。这些做法意义深远，不仅可以促进人们对海洋世界的了解，同时也以各种各样的方式更好地保护海洋环境。这些项目也为人们深入密切地接触海洋和海洋生命提供了绝佳的机会。城市中有这样一群人，他们严阵以待，正在做出改变，无论是站在高层公寓阳台上搜寻露脊鲸的退休人员，还是手里拿着智能手机随时准备捕捉珍稀海洋生物画面的海滩拾荒者。城市居民往往是一种独特的存在，能够作出他们特有的贡献。

我们还必须以更有创意的方式增进联系，将家的概念与海洋公民身份联系起来，就像蓝色家园的构想一样，利用数字技术和社交媒体等新工具，激起人们保护海洋的兴趣，同时筹集更多的资金。

注释：

1. See Timothy Beatley, *Biophilic Cities: Integrating Nature into Urban Design and Planning* (Washington, DC: Island Press, 2011).
2. Rebecca Sarah Koss and Jonathon Yotti Kingsley, "Volunteer Health and Emotional Wellbeing in Marine Protected Areas," *Ocean and Coastal Management* 53, no. 8 (August 2010): 451.
3. As Koss and Kingsley ("Volunteer Health and Emotional Wellbeing in Marine Protected Areas," 451) note: "Sea Search volunteers who live locally to their MPA [marine protected area are in effect the eyes and ears in reporting issues to the local management authorities (Parks Victoria)

as one member of Friends of Mushroom Reef Marine Sanctuary, Victoria points out: 'I knew it [Mushroom Reef] was there before and I had a little bit to do with it. I do feel like I belong, I am part of it, and if I see people out there trampling around or doing things, I start to get angry about it because they are upsetting my patch."

4. Washington State University, WSU Beach Watchers, http://beachwatchers.wsu.edu/regional/index.php.
5. Deborah Young, "Squiggly Baby Eels Arrive in Staten Island Waterways," *Staten Island Advance*, April 12, 2012, http://www.silive.com/news/index.ssf/2012/04/squiggly_baby_eels_ arrive_in_s. html.
6. Heal the Bay, http://www.healthebay.org.
7. See Red Maps, "Tracking Wayward Snapper (and the History of Red Map)," http://www.redmap.org.
8. Marine Resources Council, "North Atlantic Right Whale Program," http://www.mrcirl.org/our-programs/northern-right-whale-monitoring.
9. Nicole Flotterton. "Cornell Cooperative Extension Celebrates 20 Years at Southold's Cedar Beach," Hamptons.com, July 20, 2011, http://www.hamptons.com/community/main-articles/15132/corneLl-cooperative-Extension-Celebrates-20-Years. html.
10. See National Parks Board, Singapore, "About the Comprehensive Marine Biodiversity Survey," http://www.nparks.gov.sg/cms/doc/cmbs_annexa.pdf.
11. National Parks Board, Singapore, "More than 100 New Records and Discoveries of Marine Species in Singapore. More Possible Discoveries from Marine Biodiversity Expedition Now Underway at Southern Islands," http://www.nparks.gov.sg/cms/index.php?option=com_newsdz task=view&rid=329&Itemid=247.

第八章
打造未来蓝色之城

海洋陷入困境，在很大程度上是源于与城市直接或间接相关的污染、消费压力和对栖息地破坏。我们现在正处在一个全球城市化时代，预计蓝色星球上的城市化进程还将进一步加速（到2050年，近70%的世界人口可能都居住在城市[1]），现在是时候开始重新定位城市的功能，了解如何能够将令人神往、切实可行的未来愿景融入现在的城市建设和蓝色进程之中了。

为了迎接这一挑战，蓝色城市主义应运而生。若要解决我们面临的这些问题，需要整合人类的集体力量、依赖科学技术进步，发挥独创性。此外，蓝色城市是重要的经济引擎，通过分享和引导一小部分经济力量和财富走向海洋管理和海洋健康发展议程，也会很大程度上解决海洋问题。

本书提出了“蓝色城市主义”的理念，认为这是一种理解城市的全新方式，鼓励城市及其居民在应对问题时必须发挥引领作用。城市，特别是沿海城市，有机会、有义务采取行动，构建不同的未来愿景，充分利用其强大的政治经济力量推动海洋保护的发展议程。

也许我们面临的最大挑战不是寻求政策工具或技术发展，而是找到伦理驱动。当然，这其中也存在一种强烈的自身利益驱动。实际上任何事物，包括每一个人、每一株植物、我们占有或拥有的每一块陆地，都与海洋环境息息相关，并深受海洋环境的影响。我们需要拥有一个超越人类自身利益的道德伦理视角：我们需要考虑海洋生物和生命的利益和福祉；我们需要认识海洋的复杂和神秘；我们要意识到，破坏海洋环境、浪费海洋资源、低估广袤海洋世界的作用等做法都是不可取的。

话虽如此，本人仍然乐观地认为，城市居民终将被海洋深深吸引，他们将渴望了解更多关于海洋的知识，保护许多其他的海洋物种；也许，在最初建立与海洋的情感联系时需要利用人们对大型海洋生物的兴趣，例如海豚和鲸鱼等。环保人士和环境伦理学家普遍认为，人类往往钟情于更具魅力的巨型动物，有些人认为人类天生就钟情于“拥抱能力”商数（“cuddleability” quotient）更高的动物。但是，孩子们对“惠灵顿发现中心”这样的地方也充满热情，说明人们也可以对海星或其他看似不那么“可爱”的海洋生物感到好奇。人类对与其他生命形式建立联系有着强烈的内在需求和渴望，而海洋则是充满奇迹与魔力的巨大宝库，恰巧满足了人类的这种内在需求和渴望。

我们必须“推波助澜”才能建立起城市居民与海洋之间真正的联系以及情感的纽带。实际上，为了建立这种联系，我们已经做出了很多艰苦卓绝的努力，其中很多已经在本书中谈及。

“触摸海洋”的价值显而易见，我们应竭尽所能吸引城市居民近距离接触海洋，比如观鲸、漫步海滩和潜水。另外，创造性的公民科学项目是鼓励居民直接参与海洋环境保护和恢复的另一种方式。

当然，与一些体型更大、更具视觉吸引力的海洋动物接触，从而建立情感纽带是不可或缺的。我亲眼目睹了人类对海龟的迷恋：也许是因为在生命之初海龟是如此渺小脆弱，但却能够如此长寿，这对很多人而言依然是未解之谜；也许是因为虽然机会渺茫，他们却依然存活下来，它们的顽强让我们心生羡慕，事实上，孵化出来的海龟也许只有万分之一会活到成年。

即使预算并不宽裕，海龟康复中心也可以有效运作，这让我们有理由相信，蓝色城市能够提供足够的资源来开展海洋生物保护。杰基尔岛（Jekyll Island）的乔治亚海龟中心（Georgia Sea Turtle Center）就是其中的一个例子。虽然不是坐落在城市，但乔治亚海龟中心离萨凡纳和亚特兰大也就几个小时的车程。该中心让人们能够近距离观察海龟，与海龟建立情感联系，了解目前海龟面临的生存困境。海龟中心其实也是教育和宣传的重要窗口，在这里，游客们可以观看海龟诊所的日常工作，包括给海龟做手术。我还记得，当我和我的孩子们看着诊所的兽医小心翼翼地为年迈的红海龟刮除类似藤壶这样的附着物时，我们兴致勃勃，同时也惊叹不已。

在参观海龟诊所时，孩子们还被一只名叫凯西的红海龟所吸引。凯西是从一只沙蟹的魔爪下被解救出来的，后来就被安置在海龟中心的水箱中，慢慢长大。她也许是该中心最年轻的病人，但绝不是唯一的一个。该中心到处是水箱，供各种各样、大大小小的海龟在那里休养和恢复。只要捐赠 50 美元，人们就可以“领养”该中心的一个海龟“病人”，这也为人们提供另一个照顾海龟并与之建立联系的机会。该中心的“海龟领养”计划等做法有助于培养人们与海洋生物之间的直接情感，并让人们亲身体验到，微不足道的一点点努力就可以为海洋生物带来实实在在的保护与关怀。

我曾经参观过由莱妮・特・哈特（Lenie ‘T Hart）于 1971 年建立的荷兰皮特尔布伦海豹救援康复中心（Zeehonden Crèche），即使很多年过去了，当时的情形还历历在目。该中心位于荷兰北部，主要负责拯救并照顾生活在那里的两种海豹（普通海豹或称港海豹和灰色海豹）。就像在海龟诊所一样，我们可以观看海豹

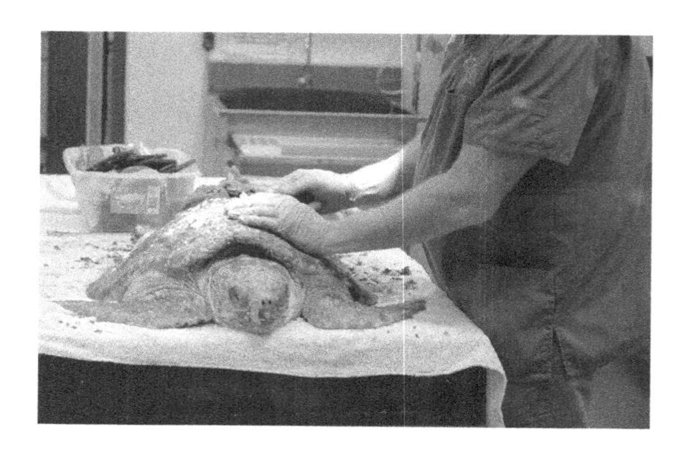

图 8-1　一只海龟在杰基尔岛的乔治亚海龟中心接受治疗。
（图片来源：蒂姆·比特利）

治疗和康复的全过程，康复中心提供有关海豹生物学特征和瓦登海生态系统相关知识的教育宣传，但该康复中心最核心的价值是帮助人们与这些（公认魅力十足的）生物建立内在的情感联系。虽然地处偏远，但康复中心每年接待约 15 万游客。[2]

我们有许多机会可以更好地利用那些真正连接陆地和海洋环境的生物。在连接陆地和海洋环境的过程中，这些生物有可能将人类与海洋联系起来。在太平洋西北部，每当春夏之交，居民们就会庆祝鲑鱼归来产卵。鲑鱼是一种溯河产卵的物种，出生在淡水，但大部分时间生活在海洋中，春夏时节返回淡水进行繁殖。这样的旅程和生命周期令人难以置信，这些“海洋居民”每年长途跋涉的溯河产卵过程不断提醒着人们，海洋和陆地这两个世界是不可分割的。

此外，海洋伦理现状也亟需发生深刻变化。这种变化已经初露端倪，特别是对于一些较大的物种，例如那些已被认为具有高度感知能力和智商的海洋哺乳动物。近年来，我们致力于进一步扩大某些海洋物种（特别是动物）的生存权利和福祉，同时这也证明，至少一些“海洋居民”的伦理现状已经有所提升（见表格8-1）。

2013年5月，印度环境和森林部（Indian Ministry of Environment and Forests）颁布了一项政策，坚决禁止以演出或在动物园展出为目的“囚禁”海豚。这是人类思维潜在转变的一个显著迹象。印度环境和森林部解释道，颁布该禁令是出于对海豚权利的维护和其伦理现状的考虑。该政策规定，“海豚应被视为‘非人类’，因此应该享有其特定的权利，为娱乐目的而囚禁海豚在道德上是不可接受的。”[3] 虽然，该禁令主要是针对众所周知、为大众所喜爱的海洋动物表演活动，但这一举动依然令人鼓舞。

表格 8-1:《鲸类动物权利宣言：鲸鱼和海豚》

基于平等原则；

科学研究使我们更深刻地了解动物思想、社会和文化的复杂性，国际法的逐步完善也体现了动物也享有生命权。基于此，我们申明，所有动物和人一样都享有生命权、自由权和相应的福祉。我们主张：

1. 每个鲸类动物都享有生命权。

（待续）

（续）

2. 鲸类动物不应被囚禁或奴役；不应遭受虐待；不应被从其自然生存环境中驱逐。 3. 所有鲸类动物都有权在其生活的自然环境中自由迁徙和生活。 4. 鲸类动物不是任何国家、公司、人类团体或个人的财产。 5. 鲸类动物有权保护其生存的自然环境。 6. 鲸类动物有权不受人类文化的破坏和影响。 7. 本《宣言》规定的权利、自由和规范应受到国际法和国内法的保护。 8. 鲸类动物有权享有确保相关权利、自由和和福祉得到充分实现的国际秩序环境。 9. 任何国家、公司、团体或个人不得从事任何破坏这些权利、自由和规范的活动。 10. 本宣言的任何规定均不妨碍各州颁布更严格的保障动物权利的政策制度。 《鲸类动物权利宣言：鲸鱼和海豚》于2010年5月22日在芬兰赫尔辛基签署，相关具体信息参见：http://www.cetaceanrights.org.

另一方面，其他大部分地区的海洋伦理现状仍令人堪忧。人们严重低估了目前海洋世界面临的困境。在达成保护海洋的共识方面，还有很长的路要走。海洋不仅仅是一个拥有濒危或珍稀动物的地方，海洋也不仅仅是一个用来攫取动物资源的地

方。最近南加州发生的一个事件与印度颁布的一项政策形成了鲜明的对比。2013 年 6 月，一条大型灰鲭鲨（mako shark）被户外频道一档哗众取宠的狩猎节目组捕获。当时，节目组抵达得克萨斯州寻觅一条鲨鱼摄制节目，（可能是为了让拍摄更富有戏剧性）经过几个小时的激烈角逐，节目组拖上来一条大型鲨鱼。杰森·约翰斯顿（Jason Johnston）是捕获这条鲨鱼的“主要功臣”，KTLA 电视台引用他的话：“我们竟然把它捕获了，太不可思议了，它太凶猛了，几乎能让人瞬间毙命，”他说，“如果我们出了一点差错，就可能在和它搏斗的过程中被甩出船外，葬身海底。”[4]

媒体对这一捕鲨事件的描述也不比杰森好多少，媒体的描述往往还有点耸人听闻：这一事件在几个互联网头条中被描述为捕捉一条危险的“怪物”鲨鱼，其中有很多图片凸显了鲨鱼令人生畏的血盆大口和尖牙利齿。但另一方面，这些报道却引起了公众的强烈抗议，这些抗议显然来自世界各地，要求节目组释放这条鲨鱼，这至少是个积极的信号。几家新闻媒体引用了鲨鱼管理组织成员戴维·麦奎尔（David McGuire）的话：“人们应该把这些鲨鱼视为很重要的奇妙动物，它们对海洋非常重要，人们应该欣赏它们的魅力，而不是‘把它们开膛破肚’”。[5]

我们面临的挑战是如何建立一个道德框架，肯定海洋与生俱来的内在价值，意识到其珍贵之处，并以千百种不同的方式培养海洋文化——一种关爱、尊重和永远珍惜海洋的文化。这可以通过多种途径、在不同场合加以实现。例如，可以在国家或州一级制定国家沿海管理机制或联邦沿海和海洋规划。目前，在国家及地方，一些重要的相关法律已经制定并开始执行，但最终的实施还是取决于各州、各城市、每个个人及居民家庭。这也让我们看到了一种新型的城市主义，它将城市生活的价值观、个人利益、好奇心与海洋环境保护责任融合在一起。

我相信，人类可以建立城市与海洋之间新型的纽带关系，让人们感受海洋。在珀斯所发生的保护偏居一隅的宁格鲁礁的故事就是一个很好的例子；在香港，人们对鱼翅越来越持抵制态度；在旧金山，禁止使用塑料购物袋等看似微不足道的举措却对海洋有着深远的影响。蓝色城市主义是绿色城市主义和绿色城市运动的自然延伸和必要补充，它预示着蓝色城市新时代的到来。

本书在一定程度上是为了展示人类重塑与海洋纽带的各种途径。书中的一些想法在现阶段可能看起来不切实际、甚至有些异想天开——比如，设计新的城市建筑，建立与海洋有直接物理视觉联系的社区，与遥远的海洋栖息地发展类似姐妹城市这样的关系等——但我们已经在行动，无论行动规模如何，我们都在尽力改善海洋环境，强调健康海洋的重要性。组织城市居民清理海滩或在当地学校发起普及海洋生命知识的宣传活动或许就是个良好的开端。本书中描述的促进城市与海洋联系的绝大多数想法、政策和技术不仅是切实可行的，而且在许多地方已经付诸实践了。

诚然，随着气候改变，一切都会发生变化，其中许多变化已然发生，而且变化的速度比我们预想的更快。随着海岸线不断后退，风暴洪水将变得越来越频繁，破坏性也越来越大。世界各地的沿海城市，从纽约到鹿特丹再到上海，都将面临新的现实挑战。沿海城市（和世界各地的其他城市）需要增加投资，提升城市的未来适应性，正如我在第四章和第五章中所建议的那样，我们要创造新的机会，采用合理方式设计沿海建筑，更好地将我们与海洋联系起来。

至少，未来海平面加速上升和极端气候事件频发本身就令人望而生畏。但蓝色城市主义的愿景强调更深刻的另一面——让人类的思想、政治和文化转向海洋。海洋为解决人类居住的星球所面临的林林总总的问题和挑战提供了希望。蓝色能源和海洋能源也许是我们迅速转向可再生能源并带来巨大收益的最大希望。在未来的几十年里，海洋提供的生物资源、带来的丰富灵感以及独特的海洋生命将是人类发展必不可少的支撑。

伴随着重重风险，海洋可能也会有助于提升人类的心理健康和幸福指数。随着距离海岸和海洋越来越近，城市获得了由此带来的环境恢复价值和健康裨益，英国的一项最新研究正在量化这些价值和裨益。这项研究的结果表明，离海岸越近，人们可能越健康。[6]沿海环境为体育活动提供了特别的机会和条件，对城市居民的健康大有裨益——本书中讨论的许多海洋活动都具有体育锻炼的价值，例如海滩淘沙、潜水等。从本书提及的“蓝色健身房”行动中可以看出，沿海环境甚至有助于人们克服由于社会经济不平等而导致的健康问题（这几乎每个美国城市都在努力解决的问题）。[7]此外，沿海环境带给我们的减压价值对大多数人来说也是非常直观的。试想海洋、沙滩和岩石带给我们的视觉感受，看着浪花跳跃、海鸥飞翔，听着海浪汩汩、人们戏水时的欢声笑语，这些情景给我们的心灵带来不同程度的治愈效果，这些也是我们在讨论海洋时可能要强调且显而易见的积极价值。海洋环境明显具有不可否认的亲生命性吸引力，同时也有证据表明人类本身也是海洋星球上的一种海洋物种。

英国普利茅斯半岛医学院（Peninsula School of Medicine in Plymouth）的迈克尔·德沃特（Michael Depledge）和他的研究小组也在一系列研究中发现，受访者更喜欢与水相关的图片，这些图片会对他们产生更积极的影响，同时也带给他们显而易见的复原力。[8]水以及与水相关的图片似乎对人们有一种特殊的情感吸引力，并带给人们无穷的力量。

图 8-2　墨西哥湾的一只海葵（图片来源：深坡探险 2007，
美国国家海洋和大气管理局）

图 8-3　研究者在昔兰尼礁（Cyrene Reef）监测海草；背景是新加坡的集装箱码头。（图片来源：Ria Tan, http://www.wildsingapore.com）

海洋是一个巨大的奇迹，一个令人敬畏的宝库，也是一个神奇的世界。一旦展现在人类面前，海洋会令人沉醉其中，它很可能会给人类带来更高的愉悦感和别样的意义。围绕敬畏和奇迹，很多文学作品向我们展示了海洋及其“居民”的特殊力量。伯恩茅斯大学（Bournemouth University）的苏珊娜·柯廷（Susanna Curtin）研究了这些现象，对一次观鲸之旅进行了民族志分析，最后得出结论，即观鲸经历对参与者来说有着强大、深刻而积极的影响。[9]他们很难用言语来形容这种经历。对许多人来说，这是一种精神的升华。

海洋是一个如此巨大的奇迹、如此令人敬畏的宝库，它使人类不再仅仅关注自我，而是超越自我，让人类关注更广泛的“世界”，认识到人类也仅仅是这个世界中的渺小一族。类似观鲸这种对野生动物的观察让人类放缓身心，感受时光的短暂停留。用超越自我的思维方式，感悟人类自身和生命的渺小，感受世界的深刻互联，这有着特殊的意义。

海洋世界复杂多变、美轮美奂，海洋生物令人惊叹。这为人类提供了无与伦比的全新体验，让人身心愉悦，给人类生活赋予更多意义。它还为城市居民提供了新的机会，使他们能够相互联系，共同感受与更大“世界”的和谐共生，这对推动蓝色城市化进程至关重要。我们的星球面临着诸多挑战，这需要人类拥有更强的“整体”意识——同在一个蓝色星球，我们福祸相依。

注释：

1. United Nations, Department of Economic and Social Affairs, Population Division, *World Urbanization Prospects*: The 2011 Revision, March 2012, http://esa.un.org/unpd/wup/pdf/WUP2011_Highlights.pdf.
2. Seal Rehabilitation and Research Centre. "Visitor Centre," http://www.zeehondencreche.n/wb/pages/visitors-centre.php.
3. "India Bans Captive Dolphin Shows as 'Morally Unacceptable'," Environment News Service, May 20, 2013, http://ens-newswire.com/2013/05/20/india-bans-captive-dolphin-shows-as-morally-unacceptable.
4. James Nye, "Fisherman Who Caught 'Biggest Mako Shark Ever' Sparks Worldwide Anger for Failing to Release 1323lb Monster… These Gruesome Trophy Photos Won't Help Then," *Mail Online*, June5, 2013, http://www.dailymail.co.uk/news/article-2336688/tv-crew-caught-biggest-mako-shark-sparks-outrage-animal-activists-world-upset-didnt-release-1323lb-sea-monster.html.
5. Associated Press, "Monster Mako Shark Caught off Southern California May Be a Record," *New York Daily News*, June5, 2013, http://wwwnydailynews.com/monster-shark-caught-california-record-article-1.1364397.
6. Benedict W. Wheeler, Mathew White, Will Stahl-Timmons, and Michael Depledge, "Does Living by the Coast improve Health and Wellbeing?" *Health and Place* 18(2012): 1198-1201.
7. Michael Depledge and William Bird, "The Blue Gym: Health and Wellbeing from Our Coasts," *Marine Pollution Bulletin*, 58 (2009): 947-48.
8. Mathew White et al., "Blue Space: The Importance of Water for Preference, Affect, and Restorativeness," *Journal of Environmental*

Psychology 30 (2010): 482-93.

9. Susanna Curtin, "Wildlife Tourism: The Intangible, Psychological Benefits of Human-Wildlife Encounters," *Current Issues in Tourism* 12 (5-6): 451-74.

致谢

2011 年，我在线上杂志 *Places* 发表了一篇题为《蓝色城市主义：城市与海洋》的文章，本书就是由这篇文章展开的。在此，特别感谢 *Places* 的编辑南希·莱文森（Nancy Levinson），感谢她鼓励我写这篇文章。同时，也要感谢岛屿出版社的资深编辑希瑟·博耶（Heather Boyer）鼓励我就蓝色城市主义写一本书，特别是编辑考特尼·利克斯（Courtney Lix），她为本书提出了许多宝贵建议，调整了文章的措辞和架构，大幅提升了本书的可读性和信息量。

感谢那些许许多多帮助过我的人们，比如一些海洋保护主义者和沿海城市的政府领导，感谢他们接受我的采访，并与我分享他们的独特想法。他们的做法鼓舞人心，这些做法也为本书提供了丰富详实的案例。希望本书能够将他们保护城市周围海洋环境的热情传达给读者，将他们无私奉献的精神呈现一二。

最后，我还要感谢我的妻子和两个女儿，没有她们一如既往的支持，这本书不可能问世，她们也对海洋世界充满热爱。